男仕香

PARFUMS POUR HOMME
LA SÉLECTION IDÉALE

Jeanne Doré

[法]让娜·多雷 — 主编
于歌 — 译
阿花 — 译校

中信出版集团 | 北京

图书在版编目（CIP）数据

男仕香 /（法）让娜·多雷主编；于歌译 . -- 北京：
中信出版社，2025. 4. -- ISBN 978-7-5217-7455-9

Ⅰ . TQ658.1

中国国家版本馆 CIP 数据核字第 2025JV5658 号

男仕香

主　　编：[法] 让娜·多雷
译　　者：于歌
译　　校：阿花
出版发行：中信出版集团股份有限公司
　　　　　（北京市朝阳区东三环北路 27 号嘉铭中心　邮编　100020）
承印者：　北京尚唐印刷包装有限公司

开　　本：787mm×1092mm 1/32　　印　　张：10.25　　字　　数：190 千字
版　　次：2025 年 4 月第 1 版　　　印　　次：2025 年 4 月第 1 次印刷
京权图字：01-2025-1103　　　　　　书　　号：ISBN 978-7-5217-7455-9
定　　价：118.00 元

前言

马克·博热，记者

　　我常常会观察行人并试着捕捉他们的故事。那个小伙身着过于紧身的黑西服就算了，又为什么要选择背个用人造材料做的包？那包里装的是从公司技术部领来的电脑吗？他做什么样的工作？有没有可能这是他入职的第一天？那，这位手挎奢侈品包的女士呢？她从哪里来，又打算到哪里去？为什么她挎的是路易威登，而不是香奈儿？我就这样安守于自己的"王座"，在安全距离之外，凭借人们的衣着，想象他们的生活。

　　长时间以来，我回避讨论香水，就是因为害怕走出这个舒适区。要知道为了捕获一种气味，您必须创造接触机会，俯身靠近，抛开关于社交距离的常识，长驱直入私人"领地"，甚至有时还要花时间忍受贴面礼的"酷刑"……更何况，尤其是当对方以娴熟的技巧将香水处理得若有似无时，对于我这样一个观察者，或是窥视者来说，要做出精准的判断，绝不是什么顺理成章的容易事。

　　我需要一个契机，让我对香水真正产生兴趣。直到某天，朋友向我推荐了让他充满热情的"叠香法"。在时尚界，将衣服叠穿不仅仅是为了保暖，更重要的是为了打造出独特的廓形。同样的原理也适用于香水，通过叠加不同的气味，能够创造出一种全新的、独一无二的香氛。显然，驾驭这种细腻的技法需要比叠穿衣物更高的技巧。看我略显迟疑，朋友更加坚持：叠香的效果绝对值得一试。我不得不站起来，犹豫着，去闻了闻。

于是，在呼吸着那复杂交织的气味时，我的拘谨被瞬间打破了，此前正是这种拘谨导致了我对香水的漠然态度。一种新的文化向我敞开了大门。抛开那些广告传媒集团为香水构思的无聊广告，扔掉那些用来形容香水的常见且空洞的词汇，像是什么"醉人""悸动""闪闪发光"等，香水业的确将人与技艺紧密地编织在一起。除了是一个产业，它更是一种文化。

如今的我开始搜寻一切关于香水业的蛛丝马迹，包括那些传奇、那些如雷贯耳的名字们，还有那些也不能忽略的小人物。理解香水，找到属于自己的香味，并领悟他人的选择，这需要时间和耐心。对于那些擦肩而过的人们，尤其是那些肩负沉重电脑包或身挎路易威登的行人，想要通过他们的气味就构思出令人信服的故事，我可能还需要付出更多的努力。但现在看来，最困难的部分已经被克服：我走下了自己的"王座"。

写在前面

让娜·多雷

　　在自己的周身喷上一种代表着"真实且纯粹的男人"的香水，它的香气"充满力量"并且"纵情张扬"，彰显着"不臣服于任何人，除了自己的幻想"，以及"摆脱一切规则"的态度。[1]

　　如果您无法想象这样的香气，那么，这本书就是为您准备的。

　　像衣装一样，您使用的香水也在表述着您自己。但遗憾的是，与很容易就能搜集到大量参考资料的服饰衣柜不同，要建立一个"嗅觉衣柜"并不总是那么容易。男性香水市场被那些强调发达肌肉甚至带有大男子主义色彩的广告所主导，维持着一种过时且俗套的从众氛围，这让相当一部分目标受众感到无法认同。

　　就像一件剪裁精良的西服一样，香水也需要选用上乘的原料精心调制。但最重要的是，这款香水要像您自己，并且能回应您当下的需求，正如我们不会每天都穿同样的燕尾服、短裤、条纹衫或皮夹克，我们也不会希望总是散发着同样的气味。就算是同一款香氛，根据心情、天气或场合的不同，也会被以截然不同的方式感受

1　这些引述全部来自男性香水的宣传文案。

和欣赏。

在过去，您不得不接受别人在某个重要时刻为您挑选某款"一生之选"的香水，比如在初次领受圣餐、长第一颗青春痘或是 18 岁生日等重要的人生节点。但那样的时代早就一去不复返了。如今，您可以为自己做主，自由选择适合您的专属气味标记，并且按照自己的心愿随意更换，甚至您还可以为自己打造一个真正的"香水衣柜"。

本书所提供的香氛选品推荐，既远离了精英主义，也没有一味追逐潮流，而是打破了男性香水领域的刻板印象与陈规，独辟蹊径地提供了多样性的建议：在这本书中，您看不到刺鼻的海洋调，也不会有咄咄逼人的硬朗木质香。读者可以沿着各种气味线索尽情探索，从经久不衰的经典款到那些缺乏认知度的宝贵"遗珠"，再到更为低调的当代创作，甚至包括那些跳出惯性的选择——毕竟花香也不是女性的专属！

通过这本书，您将推开一扇真正的"香水衣柜"之门，在这里您会遇见不同的虚构人物，他们具体而鲜活，每一位都拥有独特的世界观、天性与气味氛围，在这些人物故事的保驾护航下，您可以挑选到最贴近您渴望、需求和个性气质的香水。草药师、坏男孩、草地诗人，或是踏上"香料之路"的旅人——我们为每一位出场的人物都勾勒出丰富的画面感与嗅觉体验，并以此为依据，精挑细选出一系列调香作品。同时，这场香氛漫游也照顾到了多元的品味、不同档位的预算需求，可以说是囊括了所有风格。此外，书中除了12个主题章节，还附有一份额外的精选列表，其中包括价格亲民的香水、从女性香氛区借来的佳作，以及为了帮助大家顺利"避坑"而列出的曾经太过流行的"街香"和禁忌之香。

做一个散发香气的男人，没那么简单，您懂的

欧仁妮·布里奥，历史学家

无论是纯洁的象征还是罪恶的隐喻，香水在西方潜意识中，给人的最初印象总是一种女性化的嗜好。尽管自古以来，就存在着两性通用的芳香产品，但这些产品主要用于保持个人卫生，或是为了抵御令人不适的异味以及疾病。直到 20 世纪初，随着男性性别规范的演变，以及市场营销的推波助澜，专为男性设计的、以提升魅力为目的的香水才逐渐兴起。

在西方的文化想象中，香水与女性的形象是密不可分的。因此，长期以来对男性使用香水的争议颇多，仿佛一旦使用香水就会真的损害男子气概一样。然而，因为需要在力量与精致考究之间找到精妙的平衡点，男性气质这一概念也是随着时代的变迁在不断演化的，比如中世纪骑士的理想化身就不适用于旧制度时期的宫廷贵族或 19 世纪的市民阶层。随着时代和观念的转变，人们对男性使用香水的宽容度也发生了变化，虽然这种变化的影响力远盖不过人们对男性激素的痴迷。

这里，我们需要先澄清一个误解。在"香水"这一模糊的概念下，实际上存在两类截然不同的产品，其社会功能和象征意义也大相径庭。第一类是为了给使用者

添香，从而通过香味向周围释放魅力和留下特定的印象。这类产品的用途通常是吸引他人，或至少是为了被感知并引发他人好感。而另一类可以被归于卫生用品，其作用在于减弱、掩盖或消除体味。这类产品的气味转瞬即逝，为了确保在社交场合中不会留下痕迹，只能在使用当下可被闻到。

19 世纪盛行的古龙水和薰衣草水便是后者的代表，它们的主要功能是净化洗漱用水并为其增加香味，在剃须等日常梳洗流程中被广泛使用，但总是一冲即净。这类产品因带有香气但不留痕迹，而受到男性的青睐，在他们生活中占据一席之地。

手套匠、杂货商、药剂师与理发师

香水买卖的行业历史或许能为"香水"这个词的暧昧不明提供一些解释。在法国大革命前的旧制度时期，行会对手工业和商业进行着监管：香水手套匠拥有生产芳香剂的特权，这些芳香剂主要是为了掩盖手套制作过程中产生的羊膻、矾鞣和其他各种鞣制的气味；而杂货商则仅被允许销售这些香氛产品，并对产品瓶身加以美化和装饰。与此同时，药剂师和理发师则通过配制具有治疗和清洁效用的芳香产品，参与塑造了西方人对香氛世界的想象，多亏了"卫生香水"那符合道德标准的效用，他们得以守护和传承了这一香氛传统，特别是在圣公会对民间习俗有极大影响力的英国。

因此，在 19 世纪的商店里，我们既可以看到香水手套匠的香氛水，也可以看到杂货商的装饰瓶，以及理发师和药剂师的卫生用品。这种多源头的演化进程增加了从文化视角看待香水的难度，因为不同的使用场景和标准，它们成为不同的产品，在涉及性别问题时，情况就更复杂了。

邪恶的本质

基督教认可向上帝敬献香水的行为，也能容忍把香水作为卫生用品使用，但除此之外的任何目的，尤其是以魅惑为目的使用香水的行为，都被视作对神明的亵渎。正是抹大拉的马利亚作为罪人匍匐在基督脚下奉上了香膏，给香水的世俗用途判了无期徒刑。自此以后，香水使用的合法性只能建立在对全能神的崇拜之上。香水可以在祈祷时作为与上帝之间"上下"沟通的媒介，但一旦用于人类之间的"横向"交流，便会被视作堕落的表现。在《圣经》中，与香水有密切关联的三位人物——以斯帖、朱迪斯和莎乐美——都对她们周围的男人产生了致命的影响。这也是为什么男性长期以来会将香水这一诱惑的特质与女性联系在一起，并对其充满怀疑与戒备。

在世俗生活中，女性对香氛的使用更是受到了严厉的谴责，因为它反映着一种企图遮掩的心态：女人们想用香味覆盖住来自夏娃的原罪的气息。长久以来，女性自然散发的体味被等同于罪恶的气味。也难怪罪恶的气息有时也被女人的气息（odor di femina）[1] 所指代，这一表述源自莫扎特的歌剧《唐·乔万尼》中的一句台词［我似乎嗅到了女人的气息！（Mi pare sentir odor di femmina！）］，这句台词背后所要表达的正是女人的气息所代表的"邪恶本质"。

1　原文为意大利语。——译者注，下同

麝香、麝猫香和秘鲁香脂

参考上述信息，可能会让人觉得任何一款男性香水都有玷污阳刚之气的嫌疑。然而，在某些历史时期，例如在旧制度时期，使用香水，甚至是浓烈的香水，对男性来说并非难以接受，而且也不一定会削弱他们的阳刚之气。18 世纪香水商的一本账本就揭示了以下事实：贵族用来打理假发的粉末有时会用香料来熏制。例如，贝蒂纳侯爵购买了"元帅粉"[1]（包含鸢尾、橙花、玫瑰、芫荽和公丁香）；拉特雷穆瓦耶公爵则购买了塞浦路斯香粉；夸尼公爵则偏爱康乃馨香粉。

在那个时代，男性使用香水的主要原因仍然与卫生有关。正如历史学家乔治·维加埃罗（Georges Vigarello）在《洗浴的历史》（*Le Propre et le Sale*）中所阐述的那样：17 世纪和 18 世纪初的人们是用干洗的方式进行沐浴的，无论男女，都会用浸有香气的白布擦拭身体。这种沐浴方式将香水归于卫生产品，故而这种

---

1 在 18 世纪时，法国流行的一种香粉，用来增添假发的蓬松感，同时掩盖假发可能出现的油腻感和异味。据说这种香粉是在 17 世纪下半叶，由奥蒙的女元帅凯瑟琳（Cathérine, Maréchale d'Aumont）发明的。

用途并不会被谴责。此外，男性使用香水，尤其是浓烈的香水，亦是为了抵御污浊的空气，并认为可以避免疾病的传播。西蒙·巴贝（Simon Barbe）在 1693 年出版的《法国调香师》（*Le Parfumeur français*）一书中提出的"随身携带的香气配方"就说明了这一点："将四颗麝香颗粒和两团麝猫香膏放入研钵中捣碎，加入四滴秘鲁香脂，然后用少量棉花将混合物包好，放入您的盒子或吊坠（雕刻精美的分瓣式珠宝）中。"

属于男性的圈子

在法国大革命之后，强加在西方男性身上的社会理想反而将香水的使用空间压缩到了极致。正如历史学家阿兰·科尔班（Alain Corbin）在《男人的历史》（*Histoire de la virilité*）中指出的那样，19 世纪重塑了"男德"。几乎不分社会阶层，黑色西装成为男性的标准服饰，与女性服饰的华丽面料和色彩形成鲜明对比。性别二态性就这样通过着装被加深了。再进一步说，就是社会对牺牲个人为价值观献身的需求越来越强烈，尽管此前这一观念对普通大众来说还相对比较陌生 [1]：1872 年，法国重新实行义务兵役制，男性专属的社交场所在不断增多（从吸烟室到俱乐部，再到妓院），为捍卫荣誉而进行的决斗也被普及开来了。

19 世纪，在医学工作者们的著作中，关注点依然停留在女性的体香上，但医生们也会强调健康男性散发的那种自然而浓烈的体味：博物学家朱利安 - 约瑟夫·维雷 (Julien-Joseph Virey) 在他的《人类的自然史》(*Histoire naturelle du genre humain*, 1800—1801) 中写道，"只通过体味就能分辨出谁是精力充沛的健康男人，谁是又娇弱又'女里女气'的男性，因为对健康男人来说，存于体内的精液会被身体再吸收，并使汗液、体液和身体的各个部位散发出一种强烈的、氨味的，甚至带点腥味的气息；而体弱的人则会散发出酸性或淡薄的气味，就像孩子或娘娘腔那样"。

19 世纪的生活常识类书籍里，几乎没有提供任何有关男性嗅觉标准的信息，最多只是给出一些需要严格遵守的建议，尤其是在吸烟方面，因为这可能会让女性

---

1 法国大革命后，贵族阶层没落，市民阶层开始兴起。过去精英阶层持有的牺牲精神和对价值观的追求，逐渐扩展到了大众。

不悦。香水目录中也没有"男性"或"女性"的类别：香水、香精、肥皂、发用油膏和香醋水……这些产品的使用似乎都没有性别之分。唯一专供男性使用的化妆品——胡须蜡，通常是不含香气的（偶尔会带有紫罗兰香气）。

绅士们的淡香水

然而，1906年，来自美国的高露洁面向法国市场，发布了一份宣传册。这份标题为《高露洁香水公司向绅士推荐的卫浴用品》的宣传册，打破了人们关于男性使用芳香产品的疑虑。彼时在美国，市场营销正在兴起，针对不同目标群体制定文案的策略正在逐渐清晰起来，两性间对同类产品的不同需求和使用习惯也终于有机会被看见了。

该宣传册推销了高露洁剃须皂、高露洁牙膏，同时也推荐了高露洁紫罗兰淡香水，广告词十分具有诱惑力："沁人心脾"，"能够无与伦比地消除剃须刀带来的火辣感"，并且能给沐浴过程带来"怡人的芳香"。此外，手册里还介绍了"各种香味的花露水，如随性

（Caprice）、维奥里（Vioris）、天芥菜（Héliotrope）、开司米花束（Cashmere Bouquet）、铃兰（Muguet）"等，也都是推荐给男性使用的。然而，这些产品依然主要是服务于个人卫生：花露水只是用来净化沐浴用水并为其增添淡淡的香味。值得注意的是，宣传册中没有提到"手帕香精"（相当于我们现在的"淡香水"或"香水"），这种香氛产品通过浸润男士们随身携带的手帕，让他们沉浸在芬芳中。

关于性别的游戏

过去男性的香水使用习惯，实际上是与当时的社会背景相契合的，也是整体卫生观念的一部分，符合当时按照性别进行气味分类的做法。在 19 世纪，男士使用古龙水、发膏等都主要是为保持个人清洁，对于他们来说，只有在一定的亲密关系中，才能充分展示自己独特的气味形象。除此之外，他们身上的香味都会使他们的男性气概受到质疑。这就是为什么在当时的小说中，香味成为用于模糊性别的工具，尤其是被视为男性同性恋的特征。

在路易斯·德·海尔迪（*Luis d'Herdy*）于 1899 年问世的作品《人鱼男》（*L'Homme-Sirène*）中，男主人公埃德华·奥尔在忏悔室中所散发的香味就引发了一场令人啼笑皆非的误会："当他跪在硬木小凳上，专心致志地等待忏悔时，他身上的天芥菜花香[1]很快就充斥了那个狭小的封闭空间……当他详尽地告解完自己的过错，并坦诚地回答了忏悔神父的细致提问后，忏悔神父对他进行了耐心的教诲，为他赦免了罪过。好心的神父轻声说道：'安心去吧，我的女儿。'他从那微妙而愉悦地撩动鼻息的香气中，推测自己面对的是一位女性忏悔者，并叮嘱道：'今后可要小心，不要再陷入那令主忧伤的肉体罪孽中了。'"

这个乌龙揭示了香水在当时作为女性标志的重要程度。然而，正如前文所述，也是在同一时期，高露洁公司正在力荐男士们在洗浴用品中加上天芥菜香水。所以，问题并不出在香气的成分上，而是出在香气的浓郁程度上，这成为神父辨别忏悔者身份的依据。在 19 世纪末的文学作品中，猛喷香水的同性恋男性形象屡见不

1　一种带有杏仁、香草气息的花香，甜美、柔和、有粉质感。

鲜。对他们来说，张扬的香水味是表明自己性向模糊的一种方式。

1850年，塔米西耶（Tamisier）香水公司在《高雅风尚》杂志（*Le Bon Ton*）[1]上发布了一则广告，用于宣传他们的新产品"拿破仑水"，广告里介绍这款香水是"于1810年为皇帝调制的，主要在他沐浴时使用"，同时还强调"它满足所有洗浴需求，留下的是一种感觉而非香味"。这种"不会留下香味的淡香水"一直到不久前都是男士的理想选择。在很长一段时间里，香水的卫生功效更被看重，而用于提升魅力的香气则被认为会削弱阳刚之气。

力量、自然、严谨

说到霍比格恩特（Houbigant）那款著名的"皇家馥奇"（Fougère Royale），它开创了一个新的香型家族，而这个香型家族几乎完全属于男性。这款诞生于1882年的香水，由薰衣草、天竺葵和香豆素组成了它的谐

---

1 《高雅风尚》是19世纪法国的一本很受欢迎的时尚杂志，内容涵盖了当时上层社会的生活方式、时尚潮流和社交礼仪。

调。尽管这种组合可以根据大众的接受度进行调整，但其基本调性却始终如一。像19世纪的所有香水产品一样，这款馥奇调香水最初是男女通用的。然而，随着20世纪初的到来，尤其是在第二次世界大战后，市场营销崛起，美国品牌的影响力逐渐提升，香水的性别差异化趋势开始显现：产品目录开始区分出专门为男性设计的香气世界，其中就包括了馥奇调。随着产品种类的增加，香水开始以不同的方式吸引男性和女性。

　　然而，香水是一种无法仅通过目录就能远程理解的产品。因此，香水瓶、香水包装以及围绕香水的各种宣传信息，都是让消费者在进入商店之前就了解并喜爱香水的重要因素。在所有可以用来描述香水的词汇中，"蕨（fougère）"[1]有着独特的优势：表面上，这种植物没有什么气味，但它能唤起一些积极、阳刚的价值观联想，比如力量、自然，以及严谨而朴素的低调感，保证了它会被那些排斥浓香的消费者接受。介绍一款香水是"馥奇调"，可能会给人专业的印象，能够丰富介绍者的话语并提升产品价值，但同时也可能等于什么都没说。

1　馥奇调的原文"fougère"是"蕨"的意思。

因为，除非是专家，否则很少有人知道这种术语的真正含义。

在女性香水中，紫罗兰调高居榜首长达一个多世纪，它的成功毫无疑问是因为它象征着 19 世纪人们对女性的期望：矜持和谦逊，像是一朵默默地生长在树叶间的美丽小花，只有有心人才能欣赏到它的美丽。而馥奇调则构成了紫罗兰调的对立面，非常男性化。"馥奇"这个词本身就带有安抚作用，仿佛是一道防线，抵御了坏品味的侵袭。

20 世纪，男子气概的陈规被打破，男性香水的使用有了更多的灵活性。第一次世界大战的冲击瓦解了前一个世纪遗留下来的军事理想。新的男性气概应运而生，类型多样且更加开放。而男性也逐渐开始接触到那些原本服务于女性的消费品。从 20 世纪 60 年代开始，馥奇调在市场增长中扮演了重要角色：它主导了男性卫生用品，并挺进了魅力型香水的领域。在此基础上，其他香调应运而生，为传统的男性气味增添了前所未有的色彩。

目　录

1
趁着凉意
1

2
风流倜傥
25

5
在别处
91

6
香料之路
111

9
让我们在森林里散散步
183

10
坚定的魅力
205

11
坏小子
229

12
肌肤之上
255

1

趁着凉意
À LA FRAÎCHE

> 巴黎水使人腹中翻江倒海。
> 海水助人浮于海面。
> 古龙水则清香扑鼻。
> ——居斯塔夫·福楼拜《庸见词典》（1913）

我不是很会欣赏那些味道浓烈到让人上头的香水，更钟情于清爽干净的气味。而在所有喜欢的味道中，我最推崇清凉感，比如，当一片柠檬浸在滋滋冒泡的巴黎水中时，那种清凉所带来的惬意，和身着服帖的白衬衫时感到的舒适一样，都经得住时间的考验。人们总是形容我随性而为、自在放松，周身散发出安然的喜悦。是的，我偏爱简单的事物，例如在宁静的海边散步，一直走到沙滩尽头。不需要更多，一顶巴拿马草帽和一条乳白色的亚麻裤，就足以让我既享受风和日丽又保持从容得体。众所周知，真正的经典永不过时。也正因如此，我更倾向于使用古龙水，它将地中海地区的柑橘清香和药草园中草叶的芬芳相融合，创造出一种明朗愉悦的氛围，既传统又令人心安，与我的气质相得益彰。

嗅觉宇宙

香柠檬

(bergamote)

柠檬

(citron)

橙子

(orange)

橘子

(mandarine)

日本柚子

(yuzu)

橙花油

(néroli)

薰衣草

(lavande)

百里香

(thym)

罗勒

(basilic)

香调类型：

西普调

(chyprés)

木质调

(boisés)

麝香调

(musqués)

琥珀调……

(ambrés...)

品牌： 娇兰（Guerlain）	调香师： 艾米·娇兰 （Aimé Guerlain）	主香调： 橙花油 香柠檬 薰衣草 茉莉（jasmin）
问世于： 1894 年		

公鸡古龙水
EAU DE COLOGNE DU COQ

爱人之爱。在娇兰，每一位正式的调香师都调配过彰显自己风格的古龙水，这些古龙水最终都成为娇兰的宝贵财富。

就算艾米·娇兰存世的作品寥寥，但是这位创始人之子，自 1884 年从父亲皮埃尔·弗朗索瓦·帕斯卡尔手中接过家业后，就在香氛领域持续产生着不可估量的影响力。他的作品流传至今，仍为人称道：传奇般具有开创性的"姬琪"（Jicky，又译为"掌上明珠"），以及隐匿其后，低调又朴素的"公鸡古龙水"。于 1894 年问世的这款"公鸡古龙水"是艾米为法国演员伯努瓦-康斯坦特·科克兰（Benoît-Constant Coquelin）定制的，后者在戏剧舞台上成功塑造了大鼻子情圣（Cyrano de Bergerac）这一著名角色，这款香水的名称以该演员的昵称来命名。

开篇，一阵薰衣草、橙花油、柠檬和香柠檬的混合香气便欢快地涌出，愉悦与活力将我们环绕。接着，一缕身姿丰满的茉莉花香，带着在充沛的阳光下才能形成的微甜多汁，接替了最初的味道。这时，又有一阵野性气息突然而至，仿佛在提醒我们，在那个时代，人们并不会天天洗澡，因此，些许动物气息也不会与古龙水的清新不协调。正相反，它为这款香水增添了某种贵族气息，创造了一种低调却持久的优雅，让那香气至今仍然能在肌肤上逗留数小时。这一切都仿佛在轻声告诉我们，"公鸡古龙水"和它的兄弟款香水——那个比它早五年问世的"姬琪"——有着十分相似的灵魂。

品牌：
潘海利根（Penhaligon's）

问世于：
1902 年

调香师：
沃尔特·潘海利根
（Walter Penhaligon）

主香调：
柠檬
薰衣草
松树（pin）
黑胡椒（poivre noir）

布伦海姆花束
BLENHEIM BOUQUET

嗅觉徽章。这款香水那生机盎然的气味乐章构建在一组精简且效果显著的谐调之上，这个组合带来了雅致清爽的英式花香调。开篇犹如离弦之箭，携极其提神的柠檬、青柠、香柠檬和橙子的古龙水气息迎面扑来，与此同时，还调用了薰衣草和百里香的草本式优雅对这迅猛之势加以驯服。

活力四射的前调过后，伴随着松树、雪松和胡椒的混合气味，香水的旋律突然转向了更具木质感的音区。这股新鲜辛辣的气味犹如行船在水面拖出的银线，清晰明了，让人联想到那些使人永不厌倦的经典鸡尾酒。布伦海姆花束的简洁构思、值得信赖的好品味，以及持久的香气，让它自 1902 年问世以来便一直备受推崇。

这款香水的创作灵感来自位于牛津北部的布莱尼姆宫，那里是历代马尔伯勒公爵的府邸，也是日后的英国首相温斯顿·丘吉尔出生的地方。他在那里度过了人生最初的时光，但当时他父亲忙于政务，长期滞留在伦敦，母亲又频繁外出参加各种社交活动，缺乏父母关爱的小丘吉尔总是感到孤独。尽管丘吉尔本人对布莱尼姆宫怀有苦涩的回忆，但对这款俏皮、优雅，带有些许肥皂香的同名香水却十分认可。因此，作为一款典型的英式古龙水，"布伦海姆花束"成为意式传统古龙水之外的留名之作。

品牌：
香奈儿（Chanel）

问世于：
1955 年

调香师：
亨利·罗伯特
（Henri Robert）

主香调：
柠檬
橙花油
雪松（cèdre）
香根草（vétiver）

绅士
POUR MONSIEUR

审慎的魅力。这是香奈儿的第一款男性香水，也是唯一一款在香奈儿女士生前创作的男性香水，香水的灵感来源于在可可·香奈儿生命中扮演了重要角色的男性们，从卡柏男孩（Boy Capel）到迪米特里大公（le grand-duc Dimitri），他们的优雅和魅力深刻地影响了她。于是，以此为出发点，亨利·罗伯特为香奈儿创作了这款简约清新的、带有西普调和草本芳香调的香水。而当时，正是男士们开始逐渐抛弃古龙水、探索真正香水魅力的时期。在这样的一个过渡阶段，对香水的处理需要既微妙又细腻，以免男士们不适应。

香水的层次渐次展开，低调不张扬，各种香料都能适时且充分地自我表达，然后再礼貌地让位给随后而至的香气。香水的生命力首先通过柠檬、马鞭草和粗粝的苦橙叶展现出来。橙花油的香气为这流畅明亮的开头做了完美注解，接着，罗勒和生姜的加入放大了香气的天然感。尽情释放的小豆蔻香气让这款香水更为生动，凸显了它的锋利感和鲜明个性，并预告了随后将至的由苔藓、雪松和香根草构成的"西普调"。

这款香水始终在强劲的清新与感性的温暖之间维持着平衡。"绅士"给人制造的画面感是一套高级西服：采用优质面料制作，有着完美的裁剪，上身妥帖得体，是穿一辈子都不会过时的经典款。为了延续这支经典的愉悦感并赋予新意，1989年，贾克·波巨在原有架构上加入淡淡香草味的东方调基底，推出了这款"绅士"淡香精版。

品牌：
迪奥（Dior）

问世于：
1966 年

调香师：
埃德蒙·罗尼斯卡
（Edmond Roudnitska）

主香调：
香柠檬
罗勒
希蒂莺（Hedione）
橡木苔（mousse de chêne）

清新之水
EAU SAUVAGE

国宝级经典。谈到"清新之水",最好的介绍方式就是让大家意识到:在它横空出世半个多世纪后的今天,我们依然不可回避地要在这本书中提及它。尽管后来出现了非常多以它为原型的衍生品,但这款来自迪奥的经典至今仍是法国最畅销的男性香水之一。

这款香水的整体结构简洁优雅:高占比的香柠檬和柠檬,些许草本芳香(罗勒、鼠尾草、迷迭香)的痕迹,再加上精妙的西普基调,就让"清新之水"有了跨越时代的经久魅力。调香师埃德蒙·罗尼斯卡在其中加入了几种自己所钟爱的辛香料(丁香、肉豆蔻)以及香豆素,让他的经典构思通过冷暖的巧妙对比得以实现。此外,香豆素也能让柑橘类的香气更加浓郁。就是在这样的平衡之上,这一开创性的作品重新定义了清新香氛的概念。

这样说的原因是,"清新之水"首次传递出了令人耳目一新的观点:透明感不仅仅来自柑橘类的香气,也可以通过以花香为核心的配方来实现。这完全跳出了传统古龙水中柑橘类原料占据香气来源 80% 的做法。调香师在配方中加入了具有茉莉花香气的合成原料希蒂莺[1],这是一种清新细腻的芳香分子,为香氛带来了全新的清爽感。如今,这种芳香化合物几乎出现在所有的香水配方中,柑橘类成分却逐渐失去了它们昔日的傲气,不再占据着清新香氛中的"C 位"。"清新之水"值得我们一再挖掘,它是我们嗅觉遗产中的瑰宝,值得受到保护和珍惜。

1　也叫二氢茉莉酮酸甲酯。

| 品牌:
爱马仕（Hermès）

问世于:
1979 年 | 调香师:
弗朗索瓦丝·卡隆
（Françoise Caron） | 主香调:
苦橙叶（petitgrain）
橘子
薄荷（menthe）
黑醋栗芽（cassis） |

橘绿之泉
EAU D'ORANGE VERTE

　　绿色毛茸茸[1]。"那是自己内心深处'小王子'的香气。"著名调香师让–克洛德·埃莱纳（Jean-Claude Ellena）就是这么描述"橘绿之泉"[2]的。来自格拉斯的弗朗索瓦丝·卡隆于 1979 年推出了这款伟大的经典之作，她的创作灵感来自自己的父亲，那是一位喜欢往身上喷洒大量古龙水的绅士。爱马仕对这款香水是有所期待的，盼着它能在喜欢网球、高尔夫等运动的时髦客户中制造一种"令人振奋、潇洒又转瞬即逝的小轰动"。而卡隆的才华没有辜负她的期待，她将古龙水的经典元素成功融入了一种全新的表现方式中。

　　为了引发用香者对橙子的联想，香水既调用了果肉的酸甜多汁感，又借助了果叶的鲜绿感。前调中，柑橘类（香柠檬、苦橙、柠檬和橘子）以其令人振奋的鲜爽感占据了主导地位。接下来，白色花卉（铃兰、橙花油和忍冬花）飘逸而至，随即被薄荷和黑醋栗芽的新鲜活力所取代。整个香氛在微妙的西普基调上逐渐绽放，并始终包裹在透明感中。尽管这款香水的留香时间不长，芬芳只在肌肤上昙花一现，但丝毫不妨碍它成为一款永恒的典范，既充满活力，又抚慰人心。

1　原文 Green doudou 中的"doudou"通常指孩子睡觉时抱着的那种毛绒玩偶。
2　1998 年之前，这款香水名为"爱马仕古龙水"。

品牌：
古特尔（Goutal Paris）

问世于：
1996 年

调香师：
安霓可·古特尔
（Annick Goutal）

主香调：
青柠（limette）
番茄叶（feuille de tomate）
马鞭草（verveine）
广藿香（patchouli）

南方之水
EAU DU SUD

青番茄之浴。地中海的夏季菜肴以简约著称，而这种简约的底气则来自被阳光充分浇灌的优质食材。水果和蔬菜色泽鲜艳、多汁爽口，闻起来就像在阳光下生长的芳香草叶。无须更多修饰，一点儿橄榄油和几转胡椒粉便能瞬间激发所有风味。

将简约、优雅与清新相融合，"南方之水"正是延续了这一生活的艺术。继"清新之水"后，安霓可·古特尔也为自己的作品选择了柑橘系和田园风的素雅之美，再配以花香的透明感，以及微妙的西普调特征。这个选择并不像古典主义所暗示的那样那么容易做出，因为在已经绘制好的版图上很难留下自己的痕迹，要打破先例，创造出独特的标识是很有挑战性的。然而，正是通过这种高难度的风格演绎，"南方之水"证明了自己是一款了不起的香水。

调香师通过噼啪作响的青柠为柑橘香调增加了一份酸爽；在绿植气息的部分，她嫁接了一片挺拔的绿番茄叶；轻盈的花香部分，因为茉莉的动物气息而投下了淡淡的阴影；最后，西普基调在一种强烈的植物皮革效应下得以延续。

虽然"南方之水"比较冷门，但它无疑是同类香水中的成功之作。可以说，它之于香水界，就如同一个尚未被大众旅游侵蚀的小村庄之于南方海岸。

品牌：
穆格勒（Mugler）

问世于：
2001 年

调香师：
阿尔贝托·莫里利亚斯
（Alberto Morillas)

主香调：
苦橙叶
香柠檬
绿叶芳香调（notes vertes）
麝香（muscs）

青净古龙水新版（在一起）
COLOGNE COME TOGETHER

绿意变体。时间来到 2001 年，古龙水已不再受宠：因为给人造成过时和廉价的印象，它们只能默默地在药妆店和超市的货架上积灰。为了逆势而上，蒂埃里·穆格勒（Thierry Mugler）遂决定与阿尔贝托·莫里利亚斯合作，以马赛皂为灵感，推出一款现代版的古龙水。

这款香水给人的第一印象是熟悉的，我们可以识别出传统古龙水的标志性元素：活力四射的香柠檬、橙花油和苦橙叶。但很快，随着一股清新的割草味的闯入，那熟悉的面孔很快就发生了变形，惯常的古龙水香气特征被取代了。由于混合了白麝香，那股明亮的绿色气息得以持续逗留在皮肤上，并不着急消散，它闻起来时而像环十五烯内酯（Habanolide）那样有着洁净的皂感，时而又更加天然有机，因为品牌方声称配方中的某种神秘的"S 分子"能让人联想到人的体液。

这款新型古龙水日后为清香型香水家族孕育了丰富的后代，在结合了柑橘香气和麝香尾韵后，它更像是一款淡香水而非古龙水。2019 年，在"穆格勒古龙系列"扩充时，这款"青净古龙水"被更名为"在一起"，更名后它依然保持了那份简约而持久的魅力。

品牌：
多斯比恩研究所
（Institut Très Bien）

问世于：
2004 年

调香师：
皮埃尔·波顿
（Pierre Bourdon）

主香调：
香柠檬
橙花油
安息香（benjoin）
鸢尾（iris）

俄罗斯古龙水
COLOGNE À LA RUSSE

　　重构过去。 许多人心间都怀有关于祖母的香水的宝贵回忆，那香气有安抚人心的魔力，以至于有人甚至会把祖母的香水瓶视作"小玛德莱娜蛋糕"[1] 般的怀旧之物，悉心珍藏。弗雷德里克·伯廷（Frédéric Burtin）正是从这些往昔的片段中汲取灵感，创立了自己的香水品牌。在美容行业工作了 15 年后，他在家族的书架上翻到一本香水手册，书中有一款诞生于 1906 年的"俄式古龙水"的配方，而这个配方是他的祖母在里昂一家名为"多斯比恩"（Très Bien）的机构中调制过的。时隔一个世纪，他委托皮埃尔·波顿复刻了这款香水。

　　这款香水的开篇清新而愉悦，很好地展现了香柠檬和柠檬的活力。在由马鞭草、薰衣草和迷迭香构成的香气基础上，橙花油令人舒适的甜味得以显现。香气继续铺陈开来，释放出一缕缕带有树脂气味的安息香和鸢尾的脂粉感，营造出一种老派精致的氛围感，让人误以为是娇兰的调香风格。逐渐升温的感觉并未覆盖掉最初的明亮清新，反而使得"俄式古龙水"能够在皮肤上长时间绽放。通过这趟跨越时光的旅程，这款"俄罗斯古龙水"成功地将精致与丰盈完美结合，展现出一种永恒的魅力。

1　在《追忆逝水年华》中，普鲁斯特笔下的小玛德莱娜蛋糕的气味有令昨日重现的能力，引发了一系列关于旧日时光的感官印象。

品牌:	调香师:	主香调:
狐狸屋 × 詹姆斯·海利	詹姆斯·海利	日本柚子
（Maison Kitsuné x Heeley）	（James Heeley）	葡萄柚（pamplemousse）
		香根草
问世于:		麝香
2017 年		

柚子
NOTE DE YUZU

　　一抹日式风味。日本柚子是一种黄色的小型柑橘类水果，果味浓烈且酸感十足，虽然在日本备受推崇，但在欧洲却鲜为人知。尽管日本柚子的香气特质非常突出，但在香水业中并没有得到充分的利用。不过，转机还是出现了：一边是 15 年来跨界于成衣、音乐和咖啡馆之间的"法日混血"集合店品牌，另一边是定居巴黎的英国调香师，当狐狸屋与詹姆斯·海利相遇后，日本柚子终于得到了应有的关注，成为双方的共创灵感来源。这款香水是对这种独特水果的双重致敬，同时赞扬了日本柚子的香气与韵律感。

　　起初，这款香水呈现一种鲜明、闪亮且酸爽的活力感。它的柑橘调香气混合了葡萄柚、柠檬和橘子的气味，持久有力，酸爽感令人口舌生津。在日本料理中，无论甜咸，日本柚子的皮总能成为最佳配料，在苦涩感几乎要让您咬住后槽牙时，多汁的甜味就会及时出现，中和那种苦涩。这款香水完美地再现了这种妙趣。

　　随着这股清新的日本柚子皮香持久地挥发，更为经典、克制的木质香调逐渐形成，介于干燥的香根草和干净的麝香之间，还有些水生调韵味，仿佛带来了一阵咸咸的湿润海风。"柚子"这款香水，节奏明快并令人神清气爽。

品牌：
路易威登（Louis Vuitton）

问世于：
2018 年

调香师：
雅克·卡瓦利尔·贝勒特鲁德
（Jacques Cavallier Belletrud）

主香调：
橘子

广藿香

香根草

鸢尾

雷暴
ORAGE

　　西普的真传。"雷暴"的确是清香型香水界的一声惊雷。它是空气、雨水与大地的一次交集，它的线索能够回溯到早在 1971 年由科蒂（Coty）推出的那款"西普"（Chypre），以及再之后迪奥推出的"清新之水"和爱马仕推出的"橘绿之泉"，后面两款香水都是在"西普"的基础上，进行了重塑、提纯和简化。而与上述这些呈现相对更加透明和轻盈的感觉的作品不同，"雷暴"则回归到了这一香型家族的本质：大地。

　　这款香水爆发出的是柑橘类的清新感，它混合了香柠檬与带有芳香草本感的捏爆葡萄柚的气息，仿佛来自一杯苦涩而又充满生气的鸡尾酒。这种乐趣就像是在暴风雨来临之前，在露台上享受一杯美味的金巴利酒，很快，潮湿而克制的广藿香如一记低沉的雷鸣打破了这夏日的宁静。灰蒙蒙的天空瞬时布满电光，仿佛在对着沉重而麻木的大地怒吼，宣告着生命里不只有宁静和安详。

　　紧接着，以几乎不易察觉的姿态，湿润鸢尾的寒意在皮肤上轻轻掠过，而香根草曲折的须根正在慢慢伸展，水分充足并带着泥土气息。那香气牢牢地占据了空间，持久地扩散。"雷暴"的力量无疑是引人注目的，因为它源于一款极简的配方，调香师对原料的用量又极为慷慨。这些成分相互碰撞，凸显出它们时而粗犷的笔触，画布上渐渐出现的是一幅野性十足的印象派画作。这款对比鲜明的香水，是专为那些"细节控"和鉴赏家准备的，因为他们能够在大自然的粗暴与天空的混沌中辨识出美。

2

风流倜傥
UN AIR DE DANDY

金雀花、薰衣草和百里香的芳香弥漫在空气中。

——特奥菲尔·戈蒂埃《航行在西班牙》(1843)

人们常说我是位优雅而又精致的男士，拥有不可撼动的沉稳气度。谦恭、礼貌和有幽默感，这些都是我引以为傲的品质。因此，我对香水的要求是：透过它的细腻、精良与巧妙，能够如实地照见我的特质。

觉得我附庸风雅？多少有点儿吧！但也正因如此，我才能坦然接纳自己那老派的一面。我热衷于复古的事物，即便有过时的嫌疑也无所谓。我那漂亮的小胡子，便是这份情结的最佳佐证。

些许女性化的元素并不会让我畏惧。再说，别忘了，就算薰衣草水的气味让人马上就联想到胡子刮得干干净净的男人，但薰衣草终归也是一种花。我喜欢与之相伴的气味是那种能激发想象力的气味，无论是混杂着英伦荒原的野草气息，还是科西嘉灌木丛的幽香，又或是肥皂在指间残留的余韵，甚至是融入了些许东方的异域风味或美食的浓郁鲜香，都会让那芳香更加灵动。天哪，真是妙不可言！

嗅觉宇宙

薰衣草
甘草
（réglisse）
百里香

迷迭香
（romarin）
鼠尾草
（sauge）
琥珀
（ambre）

香草
（vanille）
香调类型：
馥奇调……
（fougère...）

品牌:	调香师:	主香调:
帕尔玛之水（Acqua di Parma）	卡洛·马格纳尼（Carlo Magnani）	柠檬
		香柠檬
问世于:		薰衣草
1916 年		香根草

经典古龙水
COLONIA

意大利风格。 据说，这款名为"经典古龙水"的作品诞生于1916年，由帕尔玛的一位名不见经传的药剂师调制而成。但一经问世，它便凭借独特的魅力赢得了当地风流公子们的青睐，这些时髦人儿纷纷将它洒在手帕上为自己添香。到了20世纪30年代，"经典古龙水"更是漂洋过海，在好莱坞明星间一炮而红，自此开启了它风靡全球的传奇旅程。

时至今日，这款经典配方依旧具有非常普遍的吸引力。大概是因为它巧妙地融合了两大最受追捧的香氛结构：古龙水带来了柑橘类的清新与轻盈，而馥奇调则激发了皂香与剃须泡沫香。这一组合创造出了一种令人瞬间情迷的复古氛围，拥有非凡的记忆唤醒力。

柠檬与香柠檬营造出沐浴在阳光中的地中海风情，随后马鞭草引领我们深入那芬芳的心脏地带。在那里，薰衣草、玫瑰与迷迭香共同塑造出一个刚刚从理发店走出的清爽形象。这气味的卷轴在肌肤上缓缓展开，几小时都不曾散去，最终化为香根草、广藿香与檀香木的低调温暖。

得益于有目共睹的高品质原料，"经典古龙水"让人在初次邂逅时，便能获得安心的熟悉感。它仿佛是那种优雅松弛的时髦绅士，充满自信却不显傲慢。这是一款简单明了却又被完美演绎的香水，散发着经久不衰的气韵。

品牌：
卡朗（Caron）

问世于：
1934 年

调香师：
埃内斯特·达尔特罗夫
（Ernest Daltroff）

主香调：
薰衣草
香草
麝香
香豆素（coumarine）

同名男士（为他而生）
POUR UN HOMME

永恒的对决。 由埃内斯特·达尔特罗夫于1934年创作，这款香水不仅是卡朗的畅销经典，更是男性香氛历史上的里程碑，绝对值得在您手中的这本书里占有一席之地。不单单因为它是男香的开山之作，是最早明确面向男性消费者的香氛之一，更重要的是，它凭借一种不被时尚潮流左右的稳定气韵，经受住了岁月的洗礼，而它所具有的这种稀有却恒定的特质正是所有伟大的香水作品所共有的特质。大众的钟爱终究没有错付，直至今日，依然总是可以在公共场合与它擦肩而过，把它的气味作为个人标志而携带的人遍布各个年龄段。它的辨识度之高，哪怕只有一个鼻孔通气也能立刻认出。

这款香水的绽放过程仿佛一场"冷暖交战"。开篇是一抹清新明亮的薰衣草，在柑橘类芳香的点缀下，焕发出近似古龙水的振奋生机。然而，随着时间推移，一丝温暖的琥珀气息在天鹅绒般的薰衣草花粒间悄然弥漫。在体温的催化下，香草与香豆素的圆润柔和渐次展开，带来一种粉质的细腻香调。留香悠长却不过分张扬，既柔情似水，又风度翩翩。

在诞生之初，这款香水曾以其大胆创新而备受瞩目，而如今，它已然跻身现代香氛的伟大经典之列。无论男女都会对它一见倾心，终生不渝。

品牌：
罗莎（Rochas）

问世于：
1949 年，2018 年

调香师：
埃德蒙·罗尼斯卡
特蕾莎·罗尼斯卡
（Thérèse Roudnitska）

主香调：
香柠檬
薰衣草
苔藓（mousse）
广藿香

胡须原版 1949
MOUSTACHE ORIGINAL 1949

神采奕奕。马塞尔·罗莎（Marcel Rochas）是一位伟大的创造者。虽然如今他的名字不如克里斯汀·迪奥或伊夫·圣·罗兰那般响亮，但他在高级时装领域有着绝对深远的影响力。同样，他麾下的一众香氛作品也独树一帜，写就了法国香水史上的重要篇章。1949 年，特蕾莎与埃德蒙·罗尼斯卡夫妇携手为马塞尔·罗莎调制了这款以馥奇调为主的香水，它的名字既散发着些许阳刚气，又带着不可否认的幽默感。

延续了馥奇调的纯正传统，这款香水完美地唤起了那种刚刚洗净后的肌肤清爽感。在香水之后，罗莎又很快推出了同系列的多种洗护衍生品。虽然这款香水在 21 世纪初一度销声匿迹，但罗莎品牌的新东家国际香水集团（Interparfums）于 2018 年将其重新推出，忠实再现了这一传奇香氛的原始魅力。

今日再感受这款名为"胡须"的香水，它无疑是法式优雅品味的典范，低调而精致。清新而皂感十足的薰衣草与生机盎然的柑橘类气味交织，为香调注入了缤纷的色彩与活力。一束芬芳的草本植物搭配些许辛香料，令香气突然调转方向，最终过渡到饱满的西普调。在这里，细腻的苔藓与琥珀和广藿香缠绵缱绻。尾调则是麝香与粉感的舒适延伸，赋予了这款超越时空的优雅之作无法被忽视的存在感。

同年，罗莎还推出了"胡须淡香精"版本，但这个版本采用了厚重的琥珀木香作为主调，与经典版的相同之处大概只有名字了。

品牌: 迪奥	调香师: 弗朗西斯·库尔吉安 (Francis Kurkdjian)	主香调: 薰衣草 甘草
问世于: 2004 年		永久花 (immortelle) 香草

暗夜烟波
EAU NOIRE

灌木丛中。[1] 2004 年，艾迪·斯理曼（Hedi Slimane）以备受瞩目的古龙水三部曲将迪奥带入了高端香氛领域。其中，"银影清木古龙"（Bois d'Argent）凭借富有传奇色彩的蜂蜜焚香成为小众市场的畅销经典；带有温柔粉感气息的"纯白之境"（Cologne Blanche）却只是昙花一现，而"暗夜烟波"，这款将琥珀馥奇调与法国硬甘草糖（Cachou Lajaunie）奇妙融合的作品，则令人联想到一次科西嘉岛灌木丛中的漫步。

香水的前调以干燥清洁的薰衣草与一抹传统古龙水的清新拉开序幕，呈现典雅的气质。然而，这份平静很快就被打破了：永久花、百里香、鼠尾草与甘草的辛香草本气息瞬间占领了鼻腔，令人仿佛置身于阳光炙烤下的科西嘉岛，周身尽是散发着树脂香的灌木丛。

这些时而如佳肴般香气四溢，时而又如药草般微微发苦的香调，被一抹柔和的带有奶香味的粉感香草味轻轻包裹。香草的经典又安抚人心的芳香特质正好回应了开篇薰衣草的味道。干燥而坚实的雪松成为整支香水的主体，支撑起这束奇特的香草束，并让它的东方馥奇调更加清晰。

这一率真却精致的作品，以其粗犷却充满张力的原料，传递出一种未经驯服的自然之美，同时又让人联想到一位英伦绅士——他身穿粗花呢猎装，嘴里衔着甘草棒，驰骋于原野之上。

1　原文"Maquisard"在法语中可以用来描述那些有反抗精神、敢于反对压迫或主流的人。

| 品牌：
普拉达（Prada）

问世于：
2006 年 | 调香师：
丹妮拉·安德利亚
（Daniela Andrier） | 主香调：
橘子
薰衣草
零陵香豆（fève tonka）
香草 |

琥珀男士（同名男士）
AMBER POUR HOMME

自爱。一旦法国人开始玩味优雅，他们就既能从英国绅士的机智沉稳中汲取灵感，又能吸收意大利人的从容随性。

"琥珀男士"这款香水正是如此，它以一种平静的存在感，彰显出低调但不容忽视的风度，仿佛藏在身后的另一个自我，被适时地推到了台前，那过程丝滑妥帖。

以一抹迷人的橘子香开场，"琥珀男士"像气味魔法师般随即扯下了柔和皂感的面纱，把混合了薰衣草、天竺葵和紫罗兰的馥奇调带到聚光灯下。此时的氛围，让人联想到理发店里那一丝不苟的洁净感，充分体现了非常典型的英伦风。

馥奇调的收尾是柔和的零陵香豆，它带来一丝微妙的粉感，温柔地抚平了香调的尖锐处，同时巧妙地雕琢出琥珀的剪影。整个气氛从容大气，如同敞开的西装外套里那解开的衬衫领口，意式的热情正是通过这种普拉达套装式的风格得以呈现。

尽管名字中的"琥珀"可能会让人误会，以为这是一款浓郁的琥珀调香水，但丹妮拉·安德利亚赋予这款香水的复古麝香调却恰到好处地回应了它的名字，让这件作品透露着一种内敛却又无可辩驳的别致。

品牌:
帝国之香（Parfum d'empire）

问世于:
2007 年

调香师:
马克-安托万·科蒂基亚托
（Marc-Antoine Corticchiato）

主香调:
烟草（tabac）
薰衣草
零陵香豆
辛香料（épices）

孟加拉蕨
FOUGÈRE BENGALE

　　印度薰衣草。在香水的世界里，"馥奇调"不是要忠实地再现同名植物的气味，而是要通过结合薰衣草与橡木苔的芳香，勾勒出一幅"返景入深林，复照青苔上"的意象。这一香调始于 1882 年霍比格恩特的那款"皇家馥奇"，并在七年后的娇兰推出的"姬琪"中达到全新高度。随着时间的推移，馥奇调逐渐成为某种阳刚之美的象征，既干净利落又充满力量，甚至有时略显浓烈。

　　2007 年，马克-安托万·科蒂基亚托也加入了这场对馥奇调的探索。这位在摩洛哥与科西嘉岛成长起来的调香师一向拒绝单调，作品如其人，他调制的馥奇调自然也不想被贴上单一化的标签。这款香氛以清新的薰衣草开启，一下就能把人带入英伦式的理发店氛围中。但这种氛围感很快就会被茶香的出现打断，带有蜂蜜气息的金黄烟草味加强了这种茶香，最后是来自不同地区的零陵香豆，它的气味又回过头去雕琢和加强了开篇的薰衣草香，这些元素共同协作，赋予了这支香水一种"从异域归来"的气质。

　　这是一种既清爽又充满树脂气息的香味，整体呈现美食般的诱惑，既独特又富有动物气息，仿佛印度的余韵萦绕于鼻尖。像这样充满张力的组合，在我们的肌肤之上，营造出一幅在两个令人神往的大陆间你来我往、络绎不绝的景象，令人欲罢不能。

品牌：	调香师：	主香调：
香奈儿	贾克·波巨	薰衣草
	（Jacques Polge）	梨（poire）
问世于：		鸢尾
2011 年		麝香

自由旅程
JERSEY

高级针织的优雅气息。 为了把女性的身体从束缚中解放出来，早在 20 世纪 20 年代初，嘉柏丽尔·香奈儿就大胆地将针织面料用于裁制女性服装。而在此之前，这种柔软的织物只专用于男性内衣的制作。这"出格"的行为在近一个世纪后再次启发了康朋街[1]的调香师。

在"自由旅程"这款香水中，贾克·波巨从传统男香的经典元素中提取出了薰衣草这一标志性成分，并赋予它果香以及粉感与琥珀调的柔和触感，这些在薰衣草之外加上的元素一直被认为偏女性化。因此，这款作品形成了一种雌雄同体的独特气质，复杂又优雅，开场便展现出如镜面般的精雕细琢，所有元素都被打磨得光彩熠熠，又交相辉映。

在这款香氛中，薰衣草不再呈现传统的干燥感或药香，而是变得异常柔和，散发出如梨子般的甜润芬芳。薰衣草随后又与紫罗兰和鸢尾相融，缠结出一个温暖粉感的花香茧，同时还透着一丝甘草香。这种柔软舒适的整体感被香草与零陵香豆的甜美基调进一步增强，特别是加入大量的白麝香后更显温柔，整支香氛就像一个贴心的毛绒玩具，令人松弛。

尽管香味变化的过程算不上明显，但"自由旅程"却能在肌肤上留下持久且不突兀的印记，恰如其分地游走于优雅与舒适之间。

---

1 应指"康朋街 31 号"，香奈儿的故居，也是该品牌创意工作室及高级定制服工坊的所在地。

品牌：	调香师：	主香调：
香奈儿	奥利维耶·波巨	薰衣草
	（Olivier Polge）	天芥菜
问世于：		香草
2016 年		檀香（santal）

亚瑟卡柏
BOY

流动的蕨类气息。"Boy"的灵感来源于嘉柏丽尔·香奈儿对亚瑟·卡柏（Arthur Capel）那份坚定不移的爱意，而"男孩"正是大家对卡柏的昵称。提到男性香水，一定是绕不开馥奇调的，在这款作品中，馥奇调这种经典结构也得到了体现。薰衣草一出场便占据了主角地位，而柑橘类的果香作为开场嘉宾让人率先联想到古龙水；随后，香气渐浓，并夹杂着薄荷和其他草本植物的气息，让人在品味着这种高级感带来的清新愉悦时，还能被古典气息深深安抚。

在这耀眼的开场之后，剧情毫不造作地顺势展开：一种肥皂般洁净、粉感柔和的基调逐渐浮现，将一切都包裹在洁白的光泽中。而就在这细腻过渡间，难以察觉的变化正在发生着：这些洁净的特质与薰衣草的香豆素特性融为一体，以奶油琥珀色为基调，引领着我们深入天芥菜圆润且沾满花粉的花心处。这不禁让人好奇，是什么时候，又是通过什么巧妙的手法，让最初那很阳刚的清新感悄然蜕变为一床由香草与檀香木织就的温柔铺盖。

这看似是一次高难度的空中翻腾，"亚瑟卡柏"却完成得行云流水，一气呵成。我们不禁联想到香奈儿当年那将时尚从繁复中解放出来的果敢姿态，她突破性地以简约的男孩风格彰显女性之美。这款香水很显然秉承了香奈儿女士的精神，摆脱了传统观念的束缚，尊重并托举出用香者的独特个性。

3

草药师
L'HERBORISTE

梅林回答说："我要去草地，
去找绿色的水芹和金色的药草，还有喷泉边树林里橡树上的槲寄生。"
——伊冯娜·奥斯托加（Yvonne Ostroga）《当仙女们生活在法国》(1923)

不得不承认，我有些高冷。在那更高处的丘陵间，我每天都漫步在牧场和林边草地；沿着海岸线，探索每一个隐蔽的角落，找寻最稀有的花和药草，它们有时甚至还会带点魔力。您看，我做这一切都是因为：我是一个巫师。但不要害怕！我在铜锅里熬煮的草药茶、药水等各种灵丹妙药，都会给人带来极大的舒适感。它们能让您与大自然重新连接，用它们甜美、野性、芳香、草本和辛辣的气味唤醒您，让您一点点回想起干草堆、薄荷茶、洋甘菊茶或印度香料茶的味道…… 我是气味的采撷者、鼻子炼金术士，也是充满灵感的草药学家。

嗅觉宇宙

———————————

薄荷
天竺葵
（géranium）
紫苏
（shiso）
洋甘菊
（camomille）

———————————

苦艾
（absinthe）
龙胆
（gentiane）
干草
（foin）
永久花

———————————

茶
（thés）
泡制的草本茶……
（tisanes infusions...）

品牌: 古特尔	调香师: 安霓可·古特尔	主香调: 永久花
		檀香
问世于: 1985 年		香草
		胡椒（poivre）

尊爵之香
SABLES

永恒的沙丘。这是一张前往科西嘉岛的单程票：在金色的阳光下，永久花散发出特有的蜜糖味和草本香，海就在不远处。接近傍晚时分，温暖的海风带来了干燥的灯芯草和炙热沙滩的气息。檀香木、香草和胡椒散发出了木质辛香的圆润质感，它们与太阳炙烤后的植物焦香相得益彰。站在海边，碧波万顷尽收眼底，思绪不禁飘散，开始憧憬遥远之地。整款香水既充满了永久花浓郁的自然气息，又不乏浪漫色彩，引人入胜。

"尊爵之香"的香调并不是逐一释放的，它的气味层次也不仅仅是简单的叠加。作为整体出现，所有味道共同成就了精彩的定格瞬间：赶在时光凝结前，及时捕捉到了风景的美丽、温暖和实感。深吸这款香水，仿佛就能感受到沙丘的存在，看见开满永久花的田野，感知微风轻吻肌肤，那是一种震撼心灵的现实主义时刻。选择"尊爵之香"，就等于选择了它的光辉印记，以及它无与伦比的诗意。

品牌：
卡地亚（Cartier）

问世于：
1998 年

调香师：
让-克洛德·埃莱纳

主香调：
小豆蔻（cardamome）
杜松（genévrier）
雪松
桦木（bouleau）

宣言
DÉCLARATION

静谧的力量。1992 年，香水界迎来了茶香的突破，而这一切要归功于让-克洛德·埃莱纳，他为宝格丽创作的"绿茶"香水重新定义了清新的书写方式，既抽象又从容。几年后，他为这一主题再度带来新的诠释，这次的作品则更加突出了茶香的部分特质。

这款香水的开头让人立刻想到一杯伯爵茶，因为它散发着典型的香柠檬气味。接着，香气发生了变化，马黛茶和希蒂莺组成的谐调渐渐被其他各种气息所装点：例如呈现冷冽气息的小豆蔻，辛辣而鲜翠欲滴，或散发着温暖气息的孜然，传递出些许动物性。而当干燥、烟熏的木香出现时，我们可能又会以为自己正手捧一杯香浓的茶拿铁，也是在此刻，借着俄式茶提供的灵感，这款香水终于展现出了它真正的特色：在精妙的调配下，香根草、雪松、杜松和桦木赋予了它一种平静且坚韧的余韵。

这款香水在清晰度和深度之间实现了完美平衡，散发出一种自在感。尽管最初它在卡地亚的消费者测试中并未获得青睐，但最终还是被选中了，并在短短几年间成为经典。自那之后，它就踏上了"一直被模仿，从未被超越"的赢家之路。

品牌:	调香师:	主香调:
古特尔	伊莎贝尔·杜瓦扬	马黛茶 (maté)
	(Isabelle Doyen)	苦橙叶
问世于:	卡米尔·古特尔	鸢尾
2003 年	(Camille Goutal)	皮革 (cuir)

决斗
DUEL

花剑格斗。之所以提到对抗，是因为这款香水的灵感来源。"决斗"的两位创作者——伊莎贝尔·杜瓦扬和卡米尔·古特尔——在构思这款香水时，分别想到的是《危险关系》中约翰·马尔科维奇所扮演的角色和《佐罗的面具》中安东尼奥·班德拉斯所扮演的角色，这两类看似截然不同的男性形象，反而在某种程度上实现了互补。

香水的开篇，明亮的香柠檬和富有活力的新鲜苦橙叶带来了古典的柑橘类香气，这种气息仿佛属于 18 世纪的浪荡贵族瓦尔蒙（Valmont）[1]。柑橘类水果的淡淡苦味之后是更直接的马黛茶，带有茶叶、干草、马厩和烟草的味道，仿佛是在加利福尼亚广袤的干草丛中，一场策马狂奔之后，佐罗正在为马解除鞍具。随着这些植物香气的延伸，一股鸢尾根的味道逐渐显现，并伴随青翠的紫罗兰花香，子爵那满是脂粉气息的假发和狡猾老练再次出现。

不过，花香的皮革气息还在逐渐增强，终于唤醒了佐罗，以及他那引以为傲的骏马和被疾风打磨过的马鞍。这种由远及近的镜头切换，使得最初预示的对决逐渐演变为一种精妙的二重奏，恰到好处地融合了高贵与激情。

---

1 《危险关系》中的男主人公，是一个恶名昭彰的浮华浪子，也就是约翰·马尔科维奇扮演的角色。

品牌：
宝格丽（Bvlgari）

问世于：
2006 年

调香师：
奥利维耶·波巨

主香调：
粉红胡椒（baie rose）
无花果（figue）
香草
麝香

红茶（茗红）
EAU PARFUMÉE AU THÉ ROUGE

朱红灌木丛。以天然圆润且香草味十足的路易波士茶为基础，宝格丽的这款"红茶"起手给人一种淡淡的雾气感，接着，闪现其中的粉红胡椒和香柠檬的气味使这片水雾浮现了轻微的刺激。当鼻尖试图探入这片朦胧的更深处时，我们很快就能察觉到，一切都在围绕着一丛又小又圆、红色且干燥的灌木展开。它茂密的枝丫伸向空中，想要抓住那些正在飞舞的绒球。绒球小小的，柔软丝滑又带有麝香气息。

在枝叶间飘散的空气中，我们能够辨认出干草温柔质朴的气息，以及刚被咬过的无花果肉，它们光泽饱满。这款香水的风格天真率性，但并非简单乏味的堆砌，它散发着自然宁静的清新气息。清澈的透气感在一条由果香与麝香交织的小径上蜿蜒，仿佛在下午的尾声中，在疯长的野草间，准备开启的一场核桃树下的漫步。

品牌：
馥马尔香水出版社
（Éditions de parfums
Frédéric Malle）

问世于：
2009 年

调香师：
多米尼克·罗皮翁
（Dominique Ropion）

主香调：
薄荷
天竺葵
麝香
辛香料

摩登男士
GÉRANIUM POUR MONSIEUR

魔法药水。"摩登男士"这款香水的结构分为两段。开头的气味可能让人有些"出戏"，但并不至于让人打退堂鼓，因为那正是它先抑后扬的策略。前段带来的困惑在于：这款香水不但将薄荷作为主角，而且采用的不是温和自然的植物性薄荷，而是冰感十足的提纯薄荷味。多米尼克·罗皮翁在忠于自我这件事情上毫不退缩，总是敢于突破极限。虽然这种极致清新的味道会令人上瘾，但也有"劝退"的风险。一旦尝试，如果能坚持下去，就会发现这一选择是值得的，获得感远远超出了最初的冲击感。

第一段之后任其发展，它竟开始掉转方向，化身为一种偏重传统调性且极致优雅的馥奇调。天竺葵的绿意、粉嫩和柠檬黄为薄荷增色不少，形成了独特的香气组合。水生的花香和臭氧味道使其获得了更加扎实的洁净感，同时还保持住了老派的精致：玫瑰般的香气与丁香、肉桂和茴香等辛香料的结合，让人联想到昔日的香皂，或是别致舒适的剃须皂。麝香和辛香料为这款香氛铺设了后续的层次，增添了几分怀旧感。但必须指出，"摩登男士"并非单纯的复古之作，正是有着薄荷这种非常"朋克"的存在，才赋予这款香氛的馥奇调独特的魅力。喷上它，既能拿捏住老派腔调，也能立得住大胆的前卫姿态，岂不妙哉？

品牌:	调香师:	主香调:
爱马仕	让-克洛德·埃莱纳	橘子
		鸢尾
问世于:		雪松
2009 年		麝香

雪白龙胆
EAU DE GENTIANE BLANCHE

苦口良药。先采撷一株神秘的山地植物——龙胆草,仅凭这个名字,它就能让人联想到魔法。然后,选择香水中最抽象、最不受追捧的苦味。最后,再指定一位最擅长通过感官和质地来创作印象派画作的调香师。这样,您就能得到近20年来最奇特的香氛之一,它的名字像是一剂草药师的药水。这种植物的根茎虽然被广泛用于利口酒、苦艾酒和其他调味酒中,但除此之外它却鲜为人知,这款香水是为它写就的植物学颂歌。

龙胆草在这款香水中被让-克洛德·埃莱纳定为主角。他通过巧妙的材料组合,充分地展现了它的方方面面。初闻时,香气中带有一丝苦涩,仿佛混合了柑橘、薄荷的轻盈以及略带颗粒感的苦橙叶。随着时间推移,传统水生感香水的印象渐渐消失。带有泥土腥气和脂粉味的鸢尾勾勒出这株植物苦涩的根部,而一缕焚香则营造出了它由坚实的木质香和白麝香构成的庞大主体。香气的尾韵呈现絮状且厚实,像是走在雪地上发出的嘎吱脆响。"雪白龙胆"将高山的原始野性与矿物气息驯服,调和出一款充满智慧、内敛高雅的知性香。

品牌：	**调香师：**	**主香调：**
卡地亚	玛蒂尔德·劳伦	马黛茶
	（Mathilde Laurent）	水仙（narcisse）
问世于：		木兰（magnolia）
2010 年		干草

时之昂扬
L'HEURE FOUGUEUSE

躺在干草堆里。在 20 世纪，米蕾耶（Mireille）用歌声歌颂了一种简单的幸福："躺在干草堆里 / 太阳为我们见证 / 一只小鸟在远处歌唱 / 我们互诉心声 / 伟大的誓言与承诺 / 头发里扎满了草茎 / 我们亲吻，我们缠绵 / 哦，多么甜蜜，多么甜蜜的生活 / 躺在干草堆里 / 太阳为我们见证。"

洒上"时之昂扬"，就像是开启了一次偷闲式的田园归隐，漫步在刚割过草的山间牧场，散开头发，抬头看云卷云舒。刚割下的干草散发着生机勃勃的气息，柑橘类的气息和温柔的草味混在一起，空气中飘荡着阵阵清香。薰衣草淡淡的味道，在植被堆中弥漫开来，又逐渐退去，最终让人想到略带干燥的马黛茶清香，以及温暖、木质、近乎烟熏的气味。

然而，整个过程中，真正将人紧紧包裹住的，是一种仿佛永不消散的清新感。充满魔力的木兰花，带来了充满活力的柑橘调，不知疲倦地散发出绝妙的柠檬香气。这股清新的牧草之风，带着马儿的气息，令人神清气爽、心旷神怡。美妙的水仙花香混合了植物的绿色气息和农场的粪土清香。在肥沃的草地上，与爱马为伴，我们共同沉浸在时间的流逝和天色的变化中，用沉默交流。这种山野之气包含了动物与植物的双重性，阿蒂仙之香的"水仙遍野"也曾给人留下这种印象，但没有如此深刻。

品牌：
如斯如斯（Roos&Roos）

问世于：
2016 年

调香师：
法布里斯·佩莱格林
（Fabrice Pellegrin）

主香调：
胡椒薄荷（menthe poivrée）
广藿香
香草
鸢尾

薄荷迷恋
MENTHA RELIGIOSA

植物的呐喊。前所未见的产品总会导致稳定感的动摇，但这也正是其优势所在，"薄荷迷恋"就很好地诠释了这一点。

这款香水的标志性成分是薄荷。在香水界，薄荷一直没被广泛运用，究其原因，要么是有人觉得它的气味太具功能性，要么是有人认为它不好驾驭，难以调配成适合日常使用的香氛。如果一款香水将薄荷作为主要基调，无疑是选择了冒险，但同时也有了独树一帜的保障。问题是，它最终会不会好闻？能不能适用于日常？

答案是肯定的。这款"薄荷迷恋"中的略带刺激的薄荷味被注入东方木质基调中，虽然在这种情况下，新鲜的薄荷香调不太容易进行充分的自我展示，但它依旧带着凛冽、辛辣与令人振奋的气势，昂首迎向那粗犷的广藿香，与后者带有的研磨咖啡与灌木丛的气味正面交锋。在变化中，粉感与香草味逐渐加入，但丝毫没有损失薄荷那种昂扬的清新特质，这种状态，充分展现了早期小众香水的独创性，那时套路还远没有今天这般盛行。

在经历了这股强劲香气的演变过程后，它那既清新又难以驯服的张力，最终却呈现为令人生疑的平衡感。但这真的是这款香水的目的吗？问题既已抛出，剩下就交给公众自行判断吧：或许有人会生厌，有人会被吸引，还有极少数人会爱上它。一句话：这是一款勇于发起挑战、重拾创造力的香水。

品牌:	**调香师:**	**主香调:**
古驰（Gucci）	阿尔贝托·莫里利亚斯	罗马洋甘菊（camomille romaine）
		茉莉
问世于:		雪松
2019 年		檀香

追忆
MÉMOIRE D'UNE ODEUR

洋甘菊的光晕。初见这款香水，就能留下深刻的印象。在香水调制的传统中，洋甘菊精油通常只会被少量使用，但在"追忆"中，它被大胆地作为主要成分。在这里，它以最简单的形式展现了它的所有面貌：干草、带有粉末质地的玫瑰香气，以及热石头散发的干燥芳香，这一切都足以让洋甘菊精油更加突出。

香气朝着一种薄雾般的抽象结构演变，飘忽不定，难以触知。两股气味力量交织在一起：来自水杨酸盐的气味分子具有被阳光穿透的透明感，而来自希蒂莺的气味则带有柔和的茉莉花香。它们将自己的光铺开，以迎接洋甘菊的到来，将洋甘菊衬托得熠熠生辉。这不禁让人联想到一些当代艺术装置，在那些装置中，发着磷光的方块被巧妙地排列，与它们之间的空隙共同创造了和谐的美感。

这款香水的核心有着面纱般的柔软，犹如温热的皮肤般柔滑，散发着一种低调优雅的芬芳，等待着为我们答疑解惑，而非将确定性强加于我们。基调部分，雪松细腻如线，檀香晶莹圆润如气泡，而香草只保有微妙的粉末感。明亮的麝香融于空气中，托住了所有的香调。

这款香水没有明确界定使用者的性别和年龄，瓶身的设计也不流俗，调香师用为古驰创作的这款作品，给自己又一个十年的香水生涯画上了完美的句号。

草地诗人
POÈTE EN HERBE

> 幽蓝夏夜，我将步入野径深处，
> 麦芒轻刺肌肤，浅踏细草：
> 神游间，感受足间微凉。
> 任风浸润我的无拘无束。
> ——阿蒂尔·兰波诗作《感觉》(1870)，该诗作收录于《诗歌全集》(1895)

　　美丽的夏日午后总是无可比拟的，在某个牧场或是静谧的花园，光着脚，仰面躺在清新的草木间。享受这慵懒的时光，做会儿白日梦，畅想更美的日子……这田园中偷得的浮生半日闲，让我有了挥笔泼墨的创作冲动。诗歌不只诞生于痛苦，它也赞美感官的愉悦：草丛里，叶绿素散发出绿意盎然的温柔气息搔弄着我的鼻尖，白色的小花铺满池塘的沿岸，松树的伞盖或无花果树冠搭出一片阴凉，它们交织的气息将我环抱。我涂鸦诗句的纸张散发出幽幽木香，而我描绘诗句的水彩配图则带着湿漉漉的气味，与周围的环境融为一体，令人心旷神怡。我承认，我心无挂碍，稍显理想主义。但是，我不在乎，我热衷于将自己沉溺在这种植物的、浪漫的氛围中，它促发灵感，令我狂喜。

嗅觉宇宙

绿叶芳香调
鲜割青草
（herbe coupée）
树液
（sève）
树叶
（feuilles）

水生香调
（notes aqueuses）
无花果
松树

柏树
（cyprès）
橙花油……

品牌：
希思黎（Sisley）

问世于：
1976 年

调香师：
让-克洛德·埃莱纳

主香调：
白松香（galbanum）
番茄叶
广藿香
橡木苔

绿野芳踪
EAU DE CAMPAGNE

被悉心照料的菜园。西红柿的魅力很大程度上源自它的叶子和枝条，只需轻轻揉搓，便能散发出带有胡椒香、草本气息的气味，青涩又甜美。1976 年，年轻的让−克洛德·埃莱纳首次大胆地在香水制作中运用了这一象征美好时光的元素，为以天然萃取物为基础的化妆品品牌希思黎构想了一场深入园圃的漫步。

在新修剪过的菜园中央，交错种植着芳香草本植物，打头的是带有柠檬气息的罗勒和马鞭草，一旁是豌豆和四季豆，白松香的脆绿香气让人联想到它们饱满的豆荚。在更远处，茂密的西红柿植株散发出浓郁的田野气息，与几枝铃兰和淡雅茉莉的芬芳相交织。至于那经典优雅的木质基调，则融合了西普调和馥奇调的韵味，像是复古须后水的风格，仿佛暗示着菜园被悉心打理着……而园丁的下颌也清爽干净，不留一点儿胡茬。

品牌：
蒂普提克（Diptyque）

问世于：
1996 年

调香师：
奥利维亚·贾科贝蒂
（Olivia Giacobetti）

主香调：
无花果
椰子（coco）
绿叶芳香调
麝香

希腊无花果
PHILOSYKOS

具象的抽象。"希腊无花果"将地中海的温柔绿意封存于瓶中，那是一抹清新的"叶与果"的气息，以苗壮的无花果木的奶香打底，饱含着海风的湿润与阳光的明媚。它提供了一种将南国风光幻化为气味的独特视角，并借力于将香料运用得炉火纯青的感官炼金术，将这一幻化过程娓娓道来。

"希腊无花果"是一款前卫的香水，它关心的并不是如何严谨地复刻出无花果树及其叶片，而是反其道而行之地深入讨论了这种模拟行为本身。这是一场神秘的体验，这场体验不以捕捉植物香气为要务，而是要探索如何创造出一抹唤起我们记忆的香氛。可以说，这是一款探讨香水本质的香水。

无花果的香调，虽然早在其他香水作品中就被使用过，像是阿蒂仙之香的无花果香淡香水（Premier Figuier），但这次却被更细致地打磨，剔除了粉感与粗糙的颗粒感。取而代之的是柔滑的麝香，勾勒出如肌肤般温暖的质感，融合新鲜谷物的清香，再以几缕咸润的海洋气息点缀，将树叶那绿色的灵韵延展至抽象的蔚蓝色调。正是这精妙的炼金术，点化出这位"无花果之友"，将其打造成一款纯粹而富有哲思的作品，在其中，香水最终化身为一位哲人。

在想象中的充满异域风情的树荫下，它低声絮语，传扬着智慧，俯瞰更远处的骄奢淫逸者们——在无花果树林深处，他们放任自己沉醉于沿海水果的狂欢盛宴中。

| 品牌：
娇兰 | 调香师：
让-保罗·娇兰
（Jean-Paul Guerlain）
玛蒂尔德·劳伦 | 主香调：
鲜割青草
薄荷
柠檬 |

问世于：
1999 年

花草水语薄荷青草
AQUA ALLEGORIA HERBA FRESCA

绿的平方。这绝不是一款平庸的清香型香水，它有着非常高的辨识度。风格如此强烈，以至于可以作为个人的标志性香氛来使用；当然，也是某些日子全天使用的不错选择。比如，一个酷暑难耐的夏日，炎热正是它的最佳背景。

"薄荷青草"诞生已有二十余年，然而它那绿意葱茏的绿叶芳香调、新割青草与薄荷交织的鲜翠，在问世之初就令人惊艳，在今天也依然历久弥新，无可比拟。这款香水犹如一幅令人无法抗拒的记忆织锦，将那些充满细节的回忆一一再现，而那些碎片的拼合又创造了它自身的现实。

首先，浮现于脑海的是湿润草坪的芬芳，是那种某个阳光充沛的早上，在割草机的轰鸣声中，刚刚被修剪过的青草所散发出的味道。就是周日清晨推开百叶窗时，迎面扑来的清爽植被气息，一种被精心打理过、优雅顺服的自然气息，散发着小资的闲适与从容。

接着，另一道记忆闪现，一杯薄荷汽水的清晰质感。翡翠色的泡泡在冰壁上舞动，仿佛在用承诺回应着一个干渴的喉咙在酷暑中的一切渴望。薄荷的凉意，在冰块的加持下愈发鲜明，刺透鼻息；噼啪作响的气泡为解渴的畅快更添几分沁人心脾。而那似有若无的甜度，正是假期该有的味道。

所有这些夏季元素的碰撞，所有绿与绿之间的细微变化，构成一曲简洁鲜活的交响乐，恰如其分地诠释了那些令人无法忘怀的、愉悦且强烈的感官体验，令人如置身于清风与阳光之中，享受那宛如被重新激活的幸福感。在无忧无虑的时光里，如此真实，如此充盈。

品牌：	调香师：	主香调：
馥马尔香水出版社	让-克洛德·埃莱纳	白芷（angélique）
		杜松
问世于：		粉红胡椒
2000 年		麝香

雨落花庭（雨后当归）
ANGÉLIQUES SOUS LA PLUIE

植物水彩画。让-克洛德·埃莱纳为这款香水撷取了一个稍纵即逝的瞬间：一片白芷花圃，就在片刻前，经历了雨水的洗礼。在不依赖任何传统水生调香材的情况下，调香师生动地描绘出了一幅被雨水浸润的风景：大自然饱饮雨露后的清新气息，各种芬芳重新涌现。那是植物们的呼吸，是它们大口呼出的氧气，是它们的花朵在雨后昂扬挺立的生命力。

伴随着清爽的柑橘类气味，白芷发出欢快的沙沙声，散发出它粗粝而芳香的绿意。为了放大植物那辛香的一面，杜松、粉红胡椒和小茴香融入了一种略显抽象的朦胧花香。整个香调清新透明，宛若暴雨过后，阳光重回时，叶尖水珠闪烁的柔光。那星星点点的温暖微光，最终在一片麝香云雾中晕染开来，消散在肌肤上。

"雨落花庭"被打磨成了一件透明而精妙的宝物。就像微微晕开的水彩画，柔和的色彩比依稀可见的轮廓更美。模糊的细节带着无限动人的不完美，让人更加浮想联翩。

品牌：
古特尔

问世于：
2010 年

调香师：
伊莎贝尔·杜瓦扬
卡米尔·古特尔

主香调：
白松香
无花果
柠檬
苦橙叶

宁法花园
NINFEO MIO

属于我的花园。对于伊莎贝尔·杜瓦扬和卡米尔·古特尔来说，"宁法花园"的灵感源自一个想法：将赫斯珀里得斯花园那远离俗世喧嚣的遗世之美转化为嗅觉体验。然而，创作的进程却遇到了瓶颈，一度停滞不前。直到两位创作者访问了位于罗马附近的宁法花园，在那里，她们发现了自己草案中的所有元素，顿悟到这款香水实际上早已被完成。

香水初绽的瞬间，香橼、柠檬和香柠檬那明快且锐利的气息爆破开来。用"咕嘟冒泡"来形容这种扑鼻的感觉显得太弱，说是"空气的震颤"似乎更为贴切，因为前调仿佛因兴奋而战栗，迫不及待地想要揭开悬念：那种更加有绿植感、充满木质甚至是果实味道的香气究竟从何而来？答案，竟是一颗无花果！

这种盛夏的果实，往往容易给人带来过于甜腻的奶香感，但在这里，却以一种轻盈的姿态存在着。它被包裹在柑橘类水果的清新果香与苦橙叶的微涩中，仿佛仍置身于枝繁叶茂间，悬挂在枝头。不远处的松柏与薰衣草丛则赋予了香氛一抹药草般的香樟味道。而宁法花园的清溪流淌，散发着草叶的湿润感，犹若掬水留香、消夏解渴。我们甚至还能闻到番茄叶那令人无法抗拒的香味，让人有想抓起一顶草帽夺门而出的冲动，去奔跑，去撒野，在亮晃晃的花园里！意大利也好，或是世界上的任何地方，只要阳光明媚就好！

品牌：	调香师：	主香调：
希思黎	文森特·里科德	洋乳香（lentisque）
	（Vincent Ricord）	香柠檬
问世于：		绿叶芳香调
2011 年		鸢尾

王者之跃
EAU D'IKAR

香脂树丛中的男人。[1] 希思黎的首款男士香氛背后，是一个关于传承与情感的故事。这款香水的灵感源于一瓶"洋乳香之水"（Eau de Lentisque），它是品牌总裁菲利普·多纳诺（Philippe d'Ornano）在其父亲的衣橱中发现的实验性配方。怀着对家族的科西嘉岛根源的敬意，他决定重新诠释这款香水，赋予其新的生命。

如同希思黎的经典女香，这款男香亦保持着永恒的气质——丰富、高质，并且远离市场套路。它以 20 世纪 60 年代盛行的花香和西普调古龙水为基底，核心谐调则强调了带有树脂和草本气息的乳香黄连木（又称"洋乳香"），这种科西嘉灌木丛中常见的植物，绿得生硬且略带苦涩，而在这款香水中，它的不足被柔和的鸢尾粉感所调和，鸢尾呈现奶油般的顺滑，并散发出胡萝卜般微甜的温暖气息。

随着香调的展开，辛香料和温暖的木质气息融于一体，复杂而浓郁，仿佛一个掩映在地中海灌木丛中的老式菜园，带着泥土味的蔬菜、芳香的药草、柠檬树和几朵野茉莉一起映入眼帘。最后，一抹淡淡的皂感为这欢快的乡间一隅带来了清新的茴香气息，甚至让这田园风情保有了一种贵气：在这里，遍地都是至真至美的素材，俯拾即是。

这款独特的混合物初闻或许让人感到意外，但它的舒适感与无与伦比的尾调终究会让人沉迷。

1　原文为"Mastic man"。"mastic"是从乳香黄连木（*Pistacia lentiscus*）这种树上提取的树脂，具有清新的松木香气，通常被翻译为"乳香脂"。乳香黄连木也被翻译为"洋乳香"，是一种主要生长在地中海地区的小灌木。请注意，不要将"乳香脂"（mastic）和"乳香"（encens）混淆，两者在香气上的差异非常明显。

品牌：
爱马仕

调香师：
让-克洛德·埃莱纳

主香调：
水仙
橙花（fleur d'oranger）
白松香
鸢尾

问世于：
2013 年

蓝色水仙花
EAU DE NARCISSE BLEU

感伤的蓝花。[1] 这支香水有希望跻身于香水世界中那些最具诗意的作品行列。围绕着"蓝水仙"发散出的灵感，让-克洛德·埃莱纳描摹了一幅迷人的画卷，让人瞬间想到德国浪漫主义诗人诺瓦利斯（Novalis）笔下的《奥夫特尔丁根》（*Henri d'Ofterdingen*）。小说中，年轻的吟游诗人用力追寻的那朵梦中的蓝花，是纯粹诗意的化身，是梦与现实的交汇。而"蓝色水仙花"这款令人着迷的爱马仕古龙水，也在岁月中沉淀为香水中的忧郁派代表，让人联想到另一种蓝色的小花：耧斗菜。

这款香水妙趣横生地探索了感官间的共鸣：橙花的味道摸上去粗粝生涩，白松香的香调听上去清澈晶莹，木质香则有着如丝绒般柔软的触感。不同香调汇集，呈现斑斓的气象：柑橘光彩夺目，鸢尾则泛着紫色的幽光。"蓝色水仙花"看上去既是一款集大成的作品，又展现着动态感。在它的复杂和抽象中，隐约浮现一丝娇兰"午夜飞行"或香奈儿"19号"的影子，它借鉴了这些经典，却又自成一派。

在某种程度上，调香师很可能是在通过这款香水讲述自己。这款香水充满了创意、对比和悖论，如同一个充满疑问的人类灵魂。而这并不奇怪：毕竟，当香水以"水仙"为主题时，本就带着某种对自我与内在的凝视。

---

1 原文"Fleur bleue"来源于法语中的一个表达：Être fleur bleue。这个短语的字面意思是"一朵蓝花"，引申义是"某人天真、浪漫，或多愁善感"。这个比喻来源于德国浪漫主义文学，特别是后文提到的诺瓦利斯那部未完成的《奥夫特尔丁根》。

品牌: 帝国之香	调香师: 马克-安托万·科蒂基亚托	主香调: 洋乳香 番茄叶 葡萄柚 树脂 (résines)
问世于: 2014 年		

科西嘉狂想曲
CORSICA FURIOSA

绿色崇拜。"科西嘉狂想曲"用香气讲述了科西嘉灌木丛的桀骜不驯，透过洋乳香这面棱镜，我们看到了小灌木在地中海的山坡向阳面上肆意疯长的景象。这种带有炽热与震动感的植物香调贯穿全线，层层递进，充分展现了它那饱含绿植气息、树脂感和木质调性的多面性。起初，香氛在一片绿意盎然中瞬间绽放，这种具有冲击力的开场让人肾上腺素飙升。其间，白松香带来丝丝生青的豌豆香，青涩的尖锐感之后被薄荷与番茄叶的组合逐渐柔化，让这种自然感持续滑翔。与此同时，葡萄柚的清新隐隐浮现，与黑醋栗芽的果香融合，共同渲染出灌木丛中的温暖氛围。

随后，"科西嘉狂想曲"逐渐沉静下来，着陆在皮肤上，并转为一种更加柔和而富有深度的香调。绿色的主旋律融入了干燥、泥土与烟熏的树脂香气，像微苦微甜的阿拉伯树胶，带着甘草棒和马黛茶的味道。这些气息与腐殖质、干草和林下的幽香交织出一种层次丰富的和谐气氛，随着时间的推移，给人带来了类似上瘾的愉悦感。就像那种非常少见的持久真爱一样，尽管一见钟情带来的震撼感可能会令人不安，甚至心生畏惧，但最终，我们依然会心甘情愿地沉溺于这片狂野灌木的迷人怒放。

品牌：
嗅觉映像室（Olfactive
Studio）

问世于：
2015 年

调香师：
克莱芒·加瓦里
（Clément Gavarry）

主香调：
白松香
无花果
杧果（mangue）
绿叶芳香调

全景
PANORAMA

绿色爱抚。尽管我们对各种绿叶芳香调并不陌生——锐利的、透明的、经典花香的，甚至是浓烈的，而"全景"却独树一帜，创造了一种柔和、绵密、奶油般的绿意。在一场穿越想象森林的旅程中，这条贯穿始终的"绿色丝线"被赋予了各种注解：这片森林是由不同纬度的植被所组成的奇妙混合体，散发着罕见的植被丝绒感，对比鲜明的谐调让我们前进的每一步都更加迷人。

序幕由无花果拉开、首先带出的是奶香绿意的主题。随即，一抹青涩微酸的青杧果巧妙地平衡了无花果香的绵密丝滑。白松香紧随其后，用它鲜嫩的豌豆香调接续这份微涩的旋律，进而演绎出一种矛盾的仙人掌气息：初闻之下略带猕猴桃般的香甜，这甜意却很快又被一股辛辣的胡椒味打破，妙趣横生。

随着旅途趋于宁静，一朵阳光下的鲜花加入了优美的绿色主旋律，那花儿带着椰子的芬芳，乳香、杏仁和香草点缀出异国情调的温柔。香料的辛辣味平衡了奶油的浓郁感，让这种柔情不会显得过于甜腻。在更远处，树脂的柔和香调与充满细腻变化的冷杉气息共同收尾，为香气注入了深邃温暖，但又圆润的质感。

"全景"创造了"绿色爱抚"的概念，它所带来的清新、舒适和倍感愉悦的使用体验，让人惊喜却又似乎是一种必然。

品牌：
川久保玲（Comme des garçons）

问世于：
2019 年

调香师：
卡罗琳·杜穆尔
（Caroline Dumur）

主香调：
栀子花（gardénia）
绿叶芳香调
奶香调（notes lactées）
树液调（notes de sève）

叶绿栀子
CHLOROPHYLL GARDENIA

酸性栀子花。如何让栀子花尖叫？答案是：用木瓜给它一记猛烈的撞击。对，您没有看错，这就是这款香水的核心秘密：国际香精香料公司（IFF）独家开发的芳香分子"Cosmofruit"，这种芳香化合物给我们带来了一抹无法忽视的金属光泽，混合着榛子的青绿味。距离川久保玲在 2000 年推出的"系列一：绿叶"香水中的首个三部曲（菖蒲、百合、茶）后，已经过去了 20 年，这一次，由艺术总监克里斯汀·奥斯特古威莱（Christian Astuguevieille）领衔，以别样的绿意开启了"系列十：对撞"，这是一次充满喜庆和爆炸性的尝试。

系列名"对撞"的宗旨便是在两个看似对立的香调间制造冲突。这一系列中，共有三款惊世之作应运而生，它们分别是"萝卜香根草"、"白松"和本节介绍的"叶绿栀子"。这款由调香师卡罗琳·杜穆尔调制的"叶绿栀子"，仿佛为香料们进行了一场"原始尖叫疗法"，将栀子花的另一面释放得淋漓尽致，让我们看到了它那温润奶香的表面下潜藏的歇斯底里。

酸甜的汁液如洪流般涌出，赋予这朵花与众不同的张力：它从比莉·荷莉戴的忧郁蓝调化身为尼娜·哈根式的迷幻高音（这位柏林朋克教母，即便已经 65 岁，依然离经叛道）。如同伊莎贝尔·杜瓦扬为内奥米·古德瑟调制的"胶木之夜"，这株变异的栀子花泄露了花茎下隐藏的力量。

嗅觉体验犹如触电：它酸涩如新鲜的大黄根茎，清脆如一口咬下的青苹果，鲜嫩如刚摘下的豌豆。若荧光绿能具象化为一种气味，那便是它——纯粹、锐利、让人爱不释手。

5

在别处
RÊVE D'AILLEURS

"您一点也不像个残疾人。
您是……怎么说呢?
卓越非凡的人。"
——蒂姆·波顿执导的电影《剪刀手爱德华》(1990)

我是个不被理解的人。一直以来,人们总是带着戒备,充满疑虑地上下打量我,没错,他们看我的眼神就像是在看外星人。事实上,我天性温柔,心怀无限悲悯,就连苍蝇都不忍伤害!但不得不说,我和别人确实不太一样。

忧郁、喜怒无常、古怪、异想天开,甚至有些像是总在梦游——我这样的状态算是一种"非主流"吧。我活在自己的气泡中,沉浸于梦境。我的内在宇宙被各种稀奇古怪的味道所充盈:抽象的、轻飘飘的、来自天外的,还有无边无际的天界花朵与天使般的芬芳,这一切与麝香、泥土和肌肤的气息交织在一起。

在这里,香味不属于任何既定的类别或性别。它们只因"不同"而美丽,因"怪异"而动人,因"非典型"而令人着迷。就像我一样。

嗅觉宇宙

鸢尾
紫罗兰
（violette）

玫瑰
（rose）
麝香

泥土
（terre）
皮革……

品牌： 杰弗里·比尼 （ Geoffrey Beene ）	调香师： 安德烈·弗罗芒坦 （ André Fromentin ）	主香调 紫罗兰叶（ feuille de violette ） 白松香 水仙 橡木苔
问世于： 1975 年		

灰色法兰绒
GREY FLANNEL

如此英伦，如此古怪！ 英式优雅真正的独特之处在于，能成功地将最古怪与最具贵族气质的服饰进行混搭。可不是吗？一套剪裁精良的呢料西装，却要配上一双苦艾酒绿的高筒袜。为了能配得上这类伦敦绅士的装束，就必须要选一款耀眼的香水，"灰色法兰绒"就配得上这样的期待。虽然这款香水的风格根植于英国的传统服饰惯例，但它也蕴藏着一种来自凯尔特魔境的神秘魔力。

香水的前调充盈着紫罗兰叶那神秘的蓝色光芒，与白松香缠绕在一起，仿佛夜空中闪烁的翡翠流光，带来了橙花油与香柠檬的清新气息。中调有着紫水晶般的色彩，迷幻的紫罗兰以粉质香气为基底，混杂着一种水仙与粗犷的天竺葵交错而生的芬芳。那一抹深绿色，仿佛让人踏入了一个迷幻的嗅觉世界——零陵香豆、雪松木、香根草与橡木苔共同营造出的馥奇调。那香气中还掺杂着一丝微妙的苦甜，再加上几朵蓬松的含羞草，透着一种致命的吸引力。

如此一来，这件呢料西装仿佛由各种色彩明艳的羊毛纱线织成，释放出一种高对比的爆发力，犹如一位看上去疯疯癫癫的审美高手，用最杂乱无章的元素构建出了无与伦比的独特性。在爱马仕"蓝色水仙花"的梦境中，我们将发现这个放肆的怪咖在更诗意的光辉下实现了华丽的蜕变。

品牌：	调香师：	主香调：
迪奥	让–路易斯·塞萨克	紫罗兰
	（Jean-Louis Sieuzac）	皮革
问世于：	米歇尔·艾麦瑞克	广藿香
1988 年	（Michel Almairac）	香根草

华氏温度
FAHRENHEIT

大地之力。要在 20 世纪 80 年代末就打造出"华氏温度"这样的香水，必须独具慧眼。因为这款香水远离了那个时代浮夸的物质主义，汲取自然元素，通过将诗意与梦幻相融合的叙事方式，充分展现了一种引领时代的前瞻性："华氏温度"的诞生预示着下一个十年的标志性创作。

它逆潮流而为，凭借着大胆的配方挑战了"闻所未闻"的极限，调香师大量使用了辛炔羧酸甲酯这种合成成分，其气味在紫罗兰叶的绿叶芳香调与粉感香调和黄瓜的水润感之间徘徊。作为这款香水的关键成分，这种强烈的芳香分子突出了金银花和茉莉的气味特质，它们那柔和的植物气息刚一出现在肌肤之上，就被丰盈的麝香基调所覆盖。在此基调中，皮革调的烟火气与广藿香、香根草杂糅在一起。就这样，向下扎根的大地气息和花心的空灵轻盈，达到了完美的平衡，几乎如同魔法一般。一者的质朴与另一者的柔美彼此成就，形成了一种独特的气息，辨识度极高。

自问世以来，"华氏温度"便在全球范围内取得了成功，至今仍是男性香水中最具说服力的典范之一，它证明了男性香氛不仅能够融入花香元素，还能以此为核心构建出卓越的阳刚之美。

品牌: 芦丹氏（Serge Lutens）	调香师: 莫里斯·鲁塞尔 （Maurice Roucel）	主香调: 鸢尾
问世于: 1994 年		紫罗兰 绿叶芳香调 麝香

银霭鸢尾花
IRIS SILVER MIST

银雾之味。1994 年，芦丹氏与当时盛行的"皇宫"风格的东方香调背道而驰，希望创造出一种"似泥似雾"的鸢尾香：它既要能散发出泥土朴实的气息，又要拥有如雾般朦胧的质感。于是，芦丹氏请来了调香师莫里斯·鲁塞尔，为其成功地打造出了这款他们梦寐以求的香水。

"银霭鸢尾花"既简约又精致，它将鸢尾花的各种特质：泥土气息、奶油感、絮状物感、粉质感和绿色气息等，全部凝聚于一体，披着忧郁、疏离的光晕，余韵高傲而冷冽。在前调中，作为开场的胡萝卜的香味是粗犷且绿意盎然的，这种味道与紫罗兰那近似果香的味道遥相呼应。鸢尾净油，这一价格不菲的成分，在这款香水里的使用十分慷慨。它被调香师绣上了调香盘上的各种合成香料，在空气中和皮肤上弥漫开来，就像一朵由麝香和冰霜组成的银色棉花云，闪烁而轻盈。

与杰奎斯·菲斯的"鸢尾花"一样，这款"银霭鸢尾花"也被认为是同类产品中可望而不可即的圣杯，至今仍是七彩传奇祭坛上备受崇拜和追捧的对象。

品牌： 馥马尔香水出版社	调香师： 莫里斯·鲁塞尔	主香调： 紫罗兰 开司米酮（Cashmeran） 松树
问世于： 2008 年		麝香

肌肤之亲（拥我入怀）
DANS TES BRAS

难以归类。这款独特的作品由调香师莫里斯·鲁塞尔创作，很少有香水能像它那样引发沉思、惊讶与感动。

它神秘多变，似乎永远不会向接近它的人展现出相同的面貌：某一天，或许是那朵带有粉质感的珍珠色紫罗兰首先露面；另一日，它又化作一片灌木丛的景象，带来湿润阴凉的氛围，苔藓和蘑菇丛生，仿佛在邀您一起到林中漫步。也许有人会皱眉，质疑这种多变是否真的适合香水……然而，正是这份经得住反复回味的魅力，让我们一次又一次深陷，在被吸引的同时又免不了诧异，那些逐渐展开的气味轨迹会把我们套牢。

因为这里有一种近乎肉体的柔软，一种在触摸之前就能感受到的略带咸味的体温，一种停滞的温柔时刻。开司米酮提供了一种单纯的、来自人类的温暖感，它不对标任何已知的气味。莫里斯·鲁塞尔则创造了一种几乎可以触摸到的天鹅绒般的后颈的感觉，一种把鼻子埋进锁骨下凹处深深吸气的感觉。这款香水知道如何让时间慢下来。"肌肤之亲"不仅仅是一款香水，它还是一个提问，当您使用它时，您会惊讶于究竟是什么能散发出如此美好的气息。

品牌：	调香师：	主香调：
卡地亚	玛蒂尔德·劳伦	胡椒
		玫瑰
问世于：		檀香
2012 年		小豆蔻

宣言之夜
DÉCLARATION D'UN SOIR

敢于选择玫瑰。卡地亚的御用调香师玛蒂尔德·劳伦接到了一个挑战：构思出一个使用"宣言"香水的绅士的夜晚，并由此调制出一款香水。她的主要任务是赋予这款香水不同于原版"宣言"的嗅觉语言，味道必须与原版中的辛香料与木质香气有所区别。

人们总说，在私密和信任的环境中，一个人的本性才能自然流露，甚至是那令人不易察觉的粗犷与锋利之处也会浮现。这就是这款"宣言之夜"所传达的感觉，它以胡椒、小豆蔻和小茴香的火辣开场，整个香气让人震撼且惊喜，辛辣中又带有原始的动物气息，让我们再一次确认，眼前这款香水独具匠心。

在我们还未回神之际，华丽的玫瑰登场了。它与红色的果实打情骂俏，而辛香料散发的气味就是它周身布满的刺。这朵玫瑰猩红如血，艳丽如火，带着夜幕下的热烈，毫不羞怯地展现自己。它绝不是清晨草叶尖上怯生生的露珠。从技术上来看，这种芬芳更接近于玫瑰净油的气味，柔滑且带有蜜意，而非通常的那种绿色清新的玫瑰精油。敢于涂抹如此大胆香气的男士无疑需要一些勇气，但这也提醒我们，玫瑰作为花卉之王，依然能够在男性香水的世界中占有一席之地。

这个躁动的夜晚以玫瑰香的延续释放作为收尾，在檀香、广藿香和厚重木质共同构建的基调上，大胆的玫瑰在肌肤上留下了熟睡猫科动物的朦胧印记。这是一篇出人意料的宣言，让我们不可抗拒地爱上了它。

品牌：	调香师：	主香调：
爱马仕	让-克洛德·埃莱纳	紫罗兰
		胡椒醛（héliotropine）
问世于：		皮革
2014 年		麝香

天使皮革
CUIR D'ANGE

　　柔软的肌肤。在法国大革命之前，香水制造者的角色往往是由手套匠扮演的。因为通常在手套的制作过程中，鞣制皮革会散发出令人不快的气味，手套匠们就会用香精浸润皮革以掩盖这些气味。这种古老的行业双生关系在今天也留下了痕迹，在现代嗅觉文化中，皮革已然成为反复出现的创作元素，调香师们通过各种原材料来模拟它的气味[1]：当通过桦木来展现时，它有着烟熏和柏油的气息；当采用异丁基喹啉（IBQ）时，它则显得硬挺且带有甘草气息；而使用更新的气味分子时，它则更接近鹿皮的质感。不过，时任爱马仕调香师的让-克洛德·埃莱纳，因为受到著名皮革工坊的香气启发，选择了独辟蹊径。据他的观察，高品质的皮革常常会散发出一种带有花香的独特气味，于是他转头奔赴植物王国去进行演绎，强化了某些植物香源中天然存在的皮革香调，从而创造出了一件如同童话般精致的皮具。

　　含羞草、鸢尾、紫罗兰和水仙共同构建了这一香氛的核心，仿佛对全粒面皮革做了一番文学化的转译。皮革的质地——紧密的纹理和柔软的触感——通过一层绒毛般的胡椒醛和丝滑的麝香得到了进一步的强调。既有粉感，又有奶油感，这款香水的香气温柔却不失力量，细腻而又坚韧。正如天使的性别始终难以捉摸，它也是一道诱人的谜题。

1　通常表现为温暖、烟熏、带有动物性的柔滑香气。

品牌： 斯塔克（Starck Paris） 问世于： 2016 年	调香师： 安尼克·梅纳多 （Annick Menardo）	主香调： 土臭味素（géosmine） 黄香李（mirabelle） 麝香 木质调（notes boisées）

别处的肌肤
PEAU D'AILLEURS

　　星际穿越。尽管年少时，菲利普·斯塔克（Philippe Starck）曾用母亲售卖的香水作为接触女性的借口，但他的第一个香水系列，却选择了完全遵循抽象的设计理念。因此，就像他在开发"别处的肌肤"时没有给安尼克·梅纳多下达任何指令一样，他对这款香水也没有给出任何嗅觉上的提示。他只是通过一系列对矛盾形式的描述来表达自己的意图："捕捉无形""充满幸福感的怀旧之情""空虚的宇宙气息"。如果了解这位鬼才设计师以往的作品，比如路易幽灵椅（Louis Ghost）和漂浮在蒙彼利埃的充气状建筑"云朵"（Nuage），我们就知道他有这样的表达没什么可惊讶的。对他来说，"香水"是一种对空气进行设计的结果，不过是物质转化为无形过程的最终阶段。

　　这些抽象的描述并没有让一向勇于挑战传统安尼克·梅纳多打退堂鼓，毕竟她可是宝格丽那款著名的"黑茶"的创作者。安尼克·梅纳多成功地在"充满幸福感的怀旧之情"和"空虚的宇宙气息"之间找到了一个嗅觉虫洞：那种扑面而来的粉状气味，仿佛未落定的尘埃或地下室斑驳的墙面，也会让人联想到马格利特那悬浮在虚空中的苹果。这个虫洞通向了一颗星球大小的黄香李，散发着在热石上碾碎的果肉所带有的麝香味。总之，这款香水模拟了零重力状态下的地球的气息，恰如其分地诠释了一个适合人类居住的果香地球，是一款为"星际穿越"时代所创造的水果香氛。

品牌：	调香师：	主香调：
卡地亚	玛蒂尔德·劳伦	广藿香
		蜂蜜（miel）
问世于：		鸢尾
2016 年		愈创木（gaïac）

飞行（天驭）
L'ENVOL

　　现代仙丹。众神之酒，嗅觉的天膳，这款香水能让您羽化登仙，与众神同乐。您将会获得的是一种轻柔的失重体验，静谧的飘浮感，绝不会出现狂飞乱舞或超声速空翻的情况。这趟旅程会给您增添一圈柔和的金色光晕，让您沉浸在蜂蜜般的氛围中，同时还散发着精酿啤酒的果香。在这场宁静而神圣的盛宴中，我们可以想象到原羊毛一层层地铺展开来，深沉而温暖，广藿香的柔美被紫罗兰与鸢尾加以点缀，而这一切都如同画布般被绷紧在一幅透着雪松薄片与香根草的细腻纹理的愈创木画框上。

　　这是一款适合温柔梦想家的香水，它通过对香调的细致打磨来隐藏其复杂性，非常自然地将它们融合在一起，掩盖了它们最初的陌生感。最终，这款香水就像一件被我们毫不犹豫就穿上的舒适羊毛衫，它轻松地贴合我们的身体，让我们丝毫不觉其存在。

　　"飞行"给人一种含蓄但持久的存在感，它恰到好处地散发着香气，既不羞怯也不张扬，像是一位处世泰然、远离尘世喧嚣、坚守自我品味的绅士。它是那种优雅服装的香气体现，不用通过挑战规则来彰显风格，它的所有价值都在于工匠的才华，能工巧匠们用珍贵的，甚至神秘的技术雕琢出这套嗅觉套装，营造出一条精致而细腻的线条，低调地展现真正的品位。

6

香料之路
LA ROUTE DES ÉPICES

烹饪是上帝的恩赐，而香料则是魔鬼的馈赠……
看来这对您来说有点辣了。
——动漫《海贼王》中的人物山治的台词

人们管我叫"海盗"，但我更喜欢"冒险家"这个词。我热衷于探索遥远而危险的地方，曾穿梭于广袤无垠的海面，勇敢面对加勒比海自由私掠者的袭击与劫掠。这一切是为了什么？当然是为了世上最美的宝藏：香料！藏红花柱、胡椒粒、香草荚、肉豆蔻、丁香……所有这些香料都来自环境最为险恶的土地，从最茂密的丛林到最难以攀登的高山。也别忘了，还有那一桶桶亲爱的琥珀色朗姆酒，伴随我度过漫长的航程……

我最爱做的事情，要数把这一切大胆地混合，幻想出各种美味的饮品和令人惊叹的食谱，闻着它们的香气，脑袋开始感到晕眩。我的"芳香金块"们都被小心翼翼地保存在珍贵的异国木箱里，藏匿在船舱深处。谁敢打它们的主意，就得先过我这一关！

嗅觉宇宙

香草
胡椒
肉豆蔻
（muscade）

丁香
（girofle）
藏红花
（safran）
小豆蔻
生姜
（gingembre）

酒香木质调……
（notes liquoreuses et boisées...）

品牌：	**调香师：**	**主香调：**
蒂普提克	诺贝尔·比雅维	肉桂（cannelle）
	（Norbert Bijaoui）	丁香
问世于：		橙子
1968 年		天竺葵

永恒之水

L'EAU

永恒的魔药。这是蒂普提克的首款淡香水，据说灵感源自 16 世纪伊丽莎白时代一种名为"Le Redouté"的百花香配方，取这个名字是为了向花卉画家皮埃尔-约瑟夫·雷杜德[1]致敬。此外，调香师还汲取了过去用于制作香囊的配方灵感：这种精致的珠宝盒可分为几瓣，内藏多种香料，由当时的富人佩带于腰间。基于这些启发，香水开篇便掠过一阵辛辣刺激的热风，肉桂、丁香碎末和干姜的香气交织其中，这风吹拂着泛着光的橙子、柠檬和香柠檬的新鲜果皮。娇小的玫瑰花蕾和沙沙作响的天竺葵叶进一步增添了这份混合的趣味，并使它超越了时间的束缚。因为无论是鲜花还是香料，在这样风干后就不会再枯萎。

这款淡香水的配方跨越了时间，仿佛一下子把我们带回不同的时代：一会儿让人想起公元一世纪罗马流行的"皇家香水"，它由多种芳香草本植物与蜂蜜和葡萄酒混合而成；一会儿又把人带入对中世纪或文艺复兴时期的想象，我们好像看到参与十字军东征的骑士或一位贵族正坐在餐桌前，桌上摆放着一篮新鲜的橙子和一杯带有浓烈香料的希波克拉斯酒[2]；而在最后，融化成略带树脂味的广藿香和檀香木质香调时，我们又会想起 20 世纪 60 年代末民谣摇滚音乐家的嬉皮精神。它像古龙水一般易于使用，但又转瞬即逝。这款蒂普提克的香水充满了丰富的内涵，能为我们创造一种简单、醒目又永恒的愉悦。

1　皮埃尔-约瑟夫·雷杜德（Pierre-Joseph Redouté,1759—1840），有"花之拉斐尔"美誉的著名植物学插画家，是历史上公认的最杰出的玫瑰记录者。

2　希波克拉斯酒（Hypocras），也叫甜药酒，是一种源自中世纪欧洲的香料葡萄酒，以其温暖的香料风味和甜美的口感而闻名。

品牌:	调香师:	主香调:
卡夏尔（Cacharel）	热拉尔·古皮	肉豆蔻
	（Gérard Goupy）	丁香
问世于:		依兰（ylang-ylang）
1981 年		香根草

卡夏尔同名男士
CACHAREL POUR L'HOMME

远方的香气。冒险主题经常被用来诠释或激发香水创作的灵感，不像这一主题下的某些作品那样过于夸张，这款香水提供了一个更为细腻的视角。虽然它无疑保留了那种充满户外冒险、戏剧性的特质，"卡夏尔同名男士"更像是一个叙述者，而非故事的主人公，是编剧而非演员，是悔过自新安定下来的探险家，而不是痴迷于风暴与动荡的狂热者。

香水的开头是一阵短暂的香柠檬香气，紧接着是浓烈的肉豆蔻与丁香的蔓延，让空气中弥漫起独特的野性气氛：我们仿佛身处褐绿相间的茂密植被中。闭上眼睛，仿佛能听见那些扰人心绪的声音在有节奏地唱颂，颂词全是我们听不懂的语言；又或者，您可以想象一下在《夺宝奇兵》里，印第安纳·琼斯博士是如何以冷静与幽默化险为夷，穿越那些荒凉之地的。

接下来，一阵花香给我们带来了惊喜：依兰的辛香在耳边低语，而紫罗兰的粉香则轻轻搔弄我们的肌肤。蕨类植物的影子也在薰衣草和天竺葵的照耀下显现，这一抹淡影中和了香水的异域风情，仿佛是为了暗示我们：就算是过着充满刺激与危险的生活，也不能放弃对好品味的追求。

在旅途的尾声，在那些惊心动魄的回忆之后，雪松与香根草的木质香气让一切归于平静。而"卡夏尔同名男士"在带领我们踏上远行之路的同时，依然不忘保留住一丝熟悉的家乡味。

品牌：
香奈儿

问世于：
1990 年

调香师：
弗朗索瓦·德马希
（François Demachy）
贾克·波巨

主香调：
李子（prune）
肉桂
玫瑰
檀香

自我
ÉGOÏSTE

全力以赴。 有人畏畏缩缩，就有人冲动果敢，不过，这款香水肯定不属于前者。如果把香水界比喻为一个私人赌场，那这款香水无疑就是那个不期而至并打破规则的人，在所有人都觉得他毫无胜算之时，他却凭借着一把魔鬼般的好牌将桌上的筹码一扫而空。"自我"就是这样的一款香水，带着光辉四射的气质，又如黑木般在经过海洋与大陆的无数次洗礼后，变得愈发坚硬。

最开始它释放出一种有些粗鲁的乡野气息，鲜活的青草调混合着百里香、薰衣草和鼠尾草，让随后而至的气味更显甜美：可口的李子带着深色汁液的馥郁，和杏脯的肉感相融合。这些香气固然浓烈，却被一层深沉的木质底调所衬托。在那木质的氛围中，香根草的味道最为突出，会让人联想到苦涩的巧克力，但它的香草中调则更像来自朗姆酒酿造厂的琥珀色液体，是在那些被世界的纯真所遗弃的地方，蒸腾着的烟雾与闷热。

"自我"渐渐脱水并把香气铺开，让我们最终能够梦见遥远的大马士革玫瑰和白檀香木。然而，这种静止注定不会持续太久：勇者的平静，只属于那些懂得挑战自我，并以此为他人带来惊喜的人。

品牌:
凯卓（高田贤三）
（Kenzo）

问世于:
1998 年

调香师:
奥利弗·克莱斯普
（Olivier Cresp）

主香调:
肉豆蔻
小豆蔻
雪松
檀香

丛林男士
KENZO JUNGLE HOMME

香料浴。这款在 20 世纪 90 年代末推出的男士香水"丛林男士"，算得上一款被忽视和遗忘的香水，但它无疑在很多方面都值得被再次关注。奥利弗·克莱斯普的这次创作，不但延续了凯卓（高田贤三）这个日本设计师品牌的多彩与活力，也成功地捕捉到了那个时代的精神：那是个推崇异国情调和民族风情的时代，世界期待着拥抱多样性与包容性。

与它名字所暗示的那片生机勃勃的热带雨林不同，这款香水带领我们来到了位于北非的马格里布地区和远东之间的一处香料市场。我们长驱直入，在这个市场的中心地带，五光十色的摊位仿佛就在眼前和鼻尖展开。肉桂、小豆蔻和肉豆蔻的香气熠熠生辉，并在一杯柑橘类气味（青柠、柠檬、香柠檬）的快乐鸡尾酒中咕嘟冒泡，所有这些元素交缠在一起，围绕着一层清新透明但无形的木质香调，其中包含着雪松和愈创木的气息，而檀香和安息香则仿佛化作柔软的焦糖，为整个香氛带来温暖的感觉。

"丛林男士"纵然被悄悄摆放在香水柜台的不起眼处，却仍然在等待着那些愿意给它机会的人们，它想带着他们踏上一段充满异域风情但温柔的旅行，让旅行中的每个瞬间都很充实。

品牌：
鲁宾（Lubin）

问世于：
2005 年

调香师：
奥利维亚·贾科贝蒂

主香调：
琥珀
藏红花
朗姆酒（rhum）
皮革

偶像
IDOLE

　　热带风情。2004 年，吉勒·泰弗南（Gilles Thévenin）接手鲁宾后，让这个历史悠久的香水品牌重新焕发了生机。"偶像"就是这个新生代推出的第一款香水。泰弗南特邀了著名的调香师奥利维亚·贾科贝蒂来创作这款香水，奥利维亚的嗅觉语言一向以看似简洁，实则充满强大的号召力而著称。

　　两位创作者交换了他们对于那些遥远国度的气味记忆：印度尼西亚，是品牌主理人曾经生活过的地方；而位于坦桑尼亚外海的桑给巴尔群岛，则是调香师选择的灵感参照地。因此，在这款香水中，我们能够感受到喧闹市集的香料气息以及商船的货舱。继续探索这条海上航线，一切都自然而然地围绕着辛香料和木质调展开。出海的冒险者配上一杯浓烈的朗姆酒，让他的形象更显丰满：即便面对千难万险，也要保持轻松与从容。

　　香水的开局是微苦的橙子浸泡在琥珀色朗姆酒和甘蔗糖的底香中，这股气息立刻就把我们带入了旅程。酒精与柑橘类果香在空气中蒸发，化身为藏红花的气旋，随后，一种干燥而优雅的木质香调逐渐显现，伴随着温暖琥珀和皮革气味的加入。这种一流的热带式平衡感给我们带来了热的感觉，简直就是热浪滚滚！至于香水的收尾，可以称得上完美无瑕：以一种精致的细腻感雕刻出的得体气质，最终为这个充满行动力且不失优雅的冒险者形象画上了完美的句号。

品牌：
解放橘郡（État libre
d'Orange）

问世于：
2010 年

调香师：
玛蒂尔德·比雅维
（Mathilde Bijaoui）

主香调：
生姜
胡萝卜（carotte）
大南瓜（potiron）
永久花

如此
LIKE THIS

我们需要谈谈香料。 在 21 世纪的头十年，香水界几乎已经探索了所有可想象和可实现的甜味调性，回过头来看，"如此"这款香水在其中显得尤为前卫，因为它基于"食物的气味"来工作，而且选择了令人意想不到的"蔬菜"作为切入角度。蒂尔达·斯文顿（Tilda Swinton）作为艺术指导推进了这个项目，而调香师玛蒂尔德·比雅维则创造了这款受到居家气味启发的香水。围绕着藏红花的色调被构建起来，"如此"让人想到英国女演员的美丽发色。

既然给人留下了姜黄色的印象，那不如就从生姜开始。凭借其清新而质朴的气息，这种根茎类蔬菜贡献了泥土飞扬的气味，其中还夹杂着不同种子的气味。最明显的味道来自胡萝卜籽，尽管通常是用它来表现鸢尾的香气，但这次却充分展现了它味道中的植物特性。其次可以闻到的是孜然籽、芹菜籽和茴香籽，它们若隐若现，引出了大南瓜的橙色果肉香。香水以永久花的香气收尾，这种花香辛辣且带有酒香，一丝微妙的甜味突出它的焦香。最后出现的余韵是香根草，它坚果般的香味为整支香氛增添了一抹特殊的色彩。"如此"令人联想到壁炉里的火焰，切菜煲汤的秋日下午，或是我们梦想中的乡居小屋中的木头家具。

这款香水非常清楚它的目标：要在甜美风格的香水领域做出创新，恰恰不能博人眼球，而是要通过再现熟悉的场景，让人们恢复元气。

品牌： 莫娜·奥锐欧 （Mona di Orio）	调香师： 莫娜·奥锐欧	主香调： 香草 朗姆酒 丁香 琥珀
问世于： 2011 年		

香草
VANILLE

在船舱的最底部。装载着异国货物的大型三桅帆船从热带地区归来了。在漫长的航行过程中，木质船身、香料箱和酒桶的味道与香草和朗姆酒的香气充分融合。香草刚开始的味道粗暴、浓烈、直冲天灵盖，就像是船只终于抵达港口，货舱舱口在关闭几周后第一次打开时扑面而来的气味。经过封闭与浸泡后，香气中带有一丝柑橘类果皮的苦涩和粗糙感。在浓烈的木质与烟熏香调中，还可以隐约分辨出香根草那湿漉漉的粗犷气息。

当货物被卸至码头时，这些味道得以渐渐释放。带有依兰花香的苦橙子味，逐渐溶解在空气中，烟熏与尘土的味道也随之淡去。朗姆酒桶发出了带着微微皮革味的液态叹息，伴随着辛辣丁香与奶味檀香的混合气味。终于，当货舱底部只剩下那一堆闪亮的黑色香草荚时，空气变得如同甘露。

由调香师莫娜·奥锐欧创作的这款香水，以琥珀调和香脂调为主，突出了温暖、强烈且充满冲击力的香草荚香气。她显然从娇兰的"一千零一夜"（Shalimar）那对比鲜明的结构中汲取了灵感。这款香草香水并非轻易能被驾驭。就像一切我们陌生的事物那样，它先是引发您的好奇，继而彻底征服您。

品牌：
伦敦博福特
（BeauFort London）

问世于：
2015 年

调香师：
朱莉·邓克利
（Julie Dunkley）
朱莉·马洛
（Julie Marlowe）

主香调：
胡椒
威士忌（whisky）
烟草
烟熏调（notes fumées）

肘踵之间
VI ET ARMIS

孟加拉的篝火。 英国香氛品牌"伦敦博福特"[1]由超凡乐团（The Prodigy）的鼓手，音乐人利奥·克拉布特里（Leo Crabtree）创立，品牌名称取自 1805 年英国皇家海军军官弗朗西斯·蒲福（Francis Beaufort）发明的风力等级"蒲福风级"[2]。怀抱扬帆远航的梦想，"肘踵之间"把我们带往亚洲，踏上了一艘英国东印度公司的巨型船只。

然而，开启这款香水后迎接我们的并非和煦的海风，而是扑面而来的余烬。它既狂野又热烈，宛如来自归程前夕的最后一场篝火。巨大的货箱中堆满了即将运往西方的异国珍品：来自马拉巴尔海岸的茶叶、小豆蔻与胡椒散发着馨香。

船员们叼着香烟传递酒壶，豪饮着最后几口异乡的威士忌。篝火的烟雾直熏眼睛，随后混着孟加拉地区产的鸦片的缕缕烟雾，一同钻进了船员们的络腮胡中。在几个小时的短暂睡眠之后，启程的时刻终于来临，他们经受风吹日晒的皮肤上似乎凝结了一股辛辣的皮革气息。隐隐约约，还有一股从未燃尽的灰堆中升起的莫名香气，带着些许果香，甜美、温暖又令人安心，那气味仿佛在低语，催促他们重返故乡的怀抱。对于冒险者与梦想家而言，"肘踵之间"的粗犷与特立独行无疑能唤起无尽的遐想。

1　该品牌以英国的航海历史、古老传说、海员文化以及与大海相关的文学作品为灵感，强调黑暗、深邃且富有冒险感的嗅觉体验。

2　蒲福风级（Échelle de Beaufort）是一个用于描述风力强度的标准化量表，最初设计时，分为 13 个等级（0–12 级），后来在现代气象学中扩展到 18 个等级（0–17 级），以涵盖飓风和极端风力的情况。

品牌：
川久保玲

问世于：
2016 年

调香师：
安托万·迈松迪厄
（Antoine Maisondieu）

主香调：
胡椒
雪松
零陵香豆
麝香

黑胡椒
BLACKPEPPER

研磨过程中。每当我们试图描述一款香水，尤其是男性香水时，"如胡椒般辛辣"的出现率就特别高。然而，这个词的使用却常常不够准确：或许是因为"胡椒"这种香料在我们的厨房中是如此常见，才让我们下意识地联想到它，而事实是，它很少真正出现在香水配方中……除非是川久保玲这样的品牌，才敢于将它推到舞台中央，成为一款香水的灵魂元素。

在这款香水中，胡椒如同新鲜出磨，瞬间在鼻尖爆炸。它释放出一种清新的气息，伴随着柠檬和萜烯的气味特征慢慢上升，而在其中，我们还能辨别出肉桂和丁香的淡淡味道。初闻令人振奋，而后香气逐渐柔和下来，转向一股几近皂感的温润气息，慢慢铺展成一层优雅的烟熏皮革调。

接着，胡椒仿佛褪去锋芒，变得安静、温顺，被包裹在一种意想不到的柔和甜美中。这种反差极大的转变耐人寻味，而在皮肤上的持久停留则要归功于零陵香豆，它以奶油般的香甜和淡淡的烟草气，为这份辛辣增添了舒适松软的质感。

香气最终沿着木质基调徐徐收尾：干燥的雪松、精巧的阿奇加拉木[1]，再配上些许轻盈的麝香。这一切仿佛在提醒我们：辛香的炽热之后，总会迎来一种令人愉悦的平静。

1　阿奇加拉木（Akigalawood）是一种由瑞士香料公司奇华顿（Givaudan）开发的合成香料，提取自广藿香精油的分馏产物。

7

坦荡的奢华
L'OPULENCE ASSUMÉE

他们进去了。里面的空气弥漫着龙涎香和檀香的味道，
有点闷热。在大厅的穹顶，彩色屏幕正放映着一幅热带日落的图画。[1]

——奥尔德斯·赫胥黎《美丽新世界》（1932）

欢迎来到我的奢华府邸。如您所见，我沉醉于感官的盛宴。身披最柔顺的织物，佩戴最华美的宝石与最纯的黄金，我喜欢懒洋洋地靠在软垫上，聆听音乐家们为我进行现场演奏，除此之外，我也能接受偶尔听一下不错的 R&B（节奏布鲁斯）唱片。香槟如泉水般汩汩流出，吃不完的精致点心和最醇和的烟草都令我沉醉。

然而，这一切在香水面前，都不值一提，那才是我生命中不可或缺的重要存在。浓郁的琥珀、香草、木质香调，交织着饕餮与温暖的气味，如同为我的肌肤量身定制的华服，与我的豪宅相得益彰。我讨厌内敛的香氛，我要的就是惊艳全场！就是那种引人注目、远远便可嗅到的气息，并且还要持久不散。

担心有人会议论我浮夸炫富？那是一定会有的，但没关系。我坦然接受自己这俗气的一面，这也是我个性中根深蒂固的部分。

1　此处文字直接引用自上海译文出版社出版、陈超翻译的《美丽新世界》版本。

嗅觉宇宙

———————

琥珀

香草

安息香

———————

劳丹脂

（labdanum）

广藿香

烟草

可可

（cacao）

———————

美食调……

（notes gourmandes et gustatives...）

品牌:
芦丹氏

问世于:
1993 年

调香师:
克里斯托弗·谢尔德雷克
(Christopher Sheldrake)

主香调:
琥珀
牛至(origan)
安息香
广藿香

琥珀君王（橙色苏丹）
AMBRE SULTAN

　　琥珀东方的分形之美。香水的调制可能需要依靠高度具体的化学实践和体验，但香水的本质却非常哲学，数千年来，围绕香水，我们一直在探讨我们与非物质的关系，以及与不同世界之间的割裂。它如同数学一般，既能引领我们进入纯粹的抽象境地，又深深扎根于它所存在的强大现实中。毫不夸张地说，"琥珀君王"这款香水就达到了这种境界。在劳丹脂[1]与月桂、安息香与龙涎酮、广藿香与牛至的物理性阵列中，这款香水围绕着琥珀与东方之道，构建起了自己的理论体系。

　　温润树脂的甘甜，与锐利明亮的芳香调交织，形成了一种炫目的嗅觉分形结构。它的温暖色调和香脂的节奏反复，将体验者带入美妙的催眠状态。随后，香草促成的停顿与没药那无限小数般的绵长，为这场示范精准与美的表演画上了句点。

1　劳丹脂是从岩蔷薇（Cistus ladanifer）的叶子和枝条中提取的芳香树脂，岩玫瑰（Rock Rose）是岩蔷薇的俗称，因此在常见的翻译中，也会看到用"岩蔷薇"和"岩玫瑰"指代"劳丹脂"。

品牌： 穆格勒	调香师： 雅克·胡克利耶 （Jacques Huclier）	主香调： 咖啡（café） 焦糖（caramel） 广藿香 香草
问世于： 1996 年		

A* 天使男士
A*MEN

　　温柔的巨兽。洒上"A* 天使男士"，仿佛就能瞬间化身为一只庞大的喜马拉雅雪人，带着善意拥抱所有人，并将周围变成一个巨大的充满男性柔情的泡泡。完成这蜕变的秘密就藏在一种经典的"父亲式"的馥奇调中，这种香气与美食调发生了化学反应，从自身内部转化，成为披在强壮身躯上的光彩华服，最终让它的使用者变成了一枚散发温柔的"甜蜜炸弹"。

　　香水开篇是传统的薰衣草，伴随清新的柑橘，又在几缕果香的助力下回温，直入香调核心。然后，一大片像羊毛皮一样松软绵厚的广藿香出现了，其中闪烁着咖啡和焦糖的光泽，令所有靠近它的人都被融化。但不用担心，那香气避免了过分的甜腻，因为整个构架牢牢扎根于坚实的男性气概之中，用结实宽阔的肩膀撑住了气场。这款香水以丰富的香豆素为肌理，与温润的琥珀和香草调相结合，塑造出柔软却结实的"肌肉感"。在木质的香调之下，我们可以感受到男性肌肤的粗粝质感。

　　所有元素在此达成平衡，创造出蒂埃里·穆格勒风格的独特生物：一个崭新的男性形象，既承袭了传统阳刚气质的力量与自信，又罩上了一层柔情细腻的父亲的外壳，这只"赛博爱心熊"拥有令人瞩目的辐射力，其甜美气息可以扩散到数米之外，赋予使用者令人无法忽视的存在感。而它那卓绝的持久度更能将您包裹数日，让您宛如沉浸在一层让人回归童年的奶油小饼干的香甜光晕中。

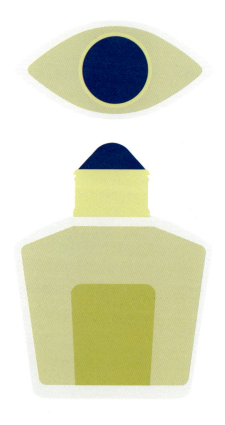

品牌：
宝诗龙（Boucheron）

问世于：
1997 年

调香师：
安尼克·梅纳多

主香调：
小豆蔻
康乃馨（œillet）
安息香
零陵香豆

香颂男士
JAÏPUR HOMME

近在咫尺的粉韵。灵感源自拉贾斯坦邦首府的宏伟宫殿，以及 20 世纪 20 年代路易·宝诗龙的印度之旅，"香颂男士"这款香水拥有跨越时间的卓越美感，兼具传统之韵与创新之魂。它以馥奇调的结构为起点，汲取了一些经典款香水的精髓，比如帕高（Paco Rabanne）的"同名男士"（pour homme）和法贝热（Fabergé）的"粗犷 33 号"（Brut），但"香颂男士"并未止步于此，而是超越了这些典范，将目光投向了一个遥远而梦幻的东方之境。

这款香水在开篇就揭晓了自己的独特之处：比起常见的柑橘调，它更多地依赖于一种鲜明的花香基调。玫瑰、茉莉与天竺葵在香气中绽放，随之而来的是肉桂与小豆蔻的辛香之风，更有一抹明显的康乃馨贯穿始终。这些元素最终融入一片浓密而乳白的粉韵云雾之中，这团迷蒙的香气由香豆素、香草和胡椒醛共同打造，就像古法滑石粉般柔软舒适。然而，这片粉韵并未滑向理发室里那种过于清洁的功能性氛围，而是凭借着超凡的感官调动力与中性之美，稳立于优雅之巅。

安息香、雪松与广藿香的加入，丝毫不显沉重，反而进一步丰富了这片粉韵，为其赋予了层次感与贵气。它的光辉经久不衰，慷慨与丰盈的气韵似乎永不会褪色。要细品这款极致华美与精致的香气，需要使用轻柔的手法，才能尽享其中的微妙变化。

这款香水拥有两个版本，风格相近却各具特色：淡香精柔和温婉，而香水版则尽展其辛香调的锋芒。

品牌:	调香师:	主香调:
帝国之香	马克-安托万·科蒂基亚托	琥珀
		茶
问世于:		皮革
2005 年		辛香料

俄罗斯琥珀
AMBRE RUSSE

辉煌与狂热。欢庆若有香气，那一定就是这款香水的味道。它宛如一场帝国盛宴，将 1917 年俄国革命前的俄罗斯帝国举行庆典时的奢华、富丽与张扬演绎得淋漓尽致。

没有更多迂回，庆典直接拉开帷幕，上来就是一杯清冽的伏特加。但不等稍作反应，一种热烈而恢宏的氛围立刻到位了。一抹令人惊艳的百搭琥珀调跃然而出，几乎能满足所有的风格需求，伴随着蒸腾的红茶香气以及一系列辛香料和混杂的气味：肉桂、芫荽与杜松浆果都参与其中。这样的组合气派非凡，足以媲美那些更为常见的东方琥珀调香水。

这一醉人的气息如此浓烈，散发着类似果香的酸甜。在这款香水中，琥珀是绝对的主人，其他元素伴其左右，自然落座。皮革带着桦木烟熏的气息登场，让人仿佛看见几位身着军服的俄国军官昂然入席。随后，乳香为这座奢华的东正教建筑增添了一抹亮色，它在悠长、圆润的金色气氛中进入梦乡，见证了昔日辉煌与奢华交织的庆典。

品牌:
汤姆·福特（Tom Ford）

问世于:
2007 年

调香师:
奥利维耶·吉洛坦
（Olivier Gillotin）

主香调:
香草
烟草
麝香
水果（fruits）
蜜饯（confits）

烟叶香草（韵度烟草）
TOBACCO VANILLE

  翩翩公子与黑色维纳斯。在幽暗的凹室¹中，一位女子懒洋洋地倚卧着，她一头乌丝散落，正凝视着自己的情人。这位女子，正是珍妮·杜瓦尔（Jeanne Duval）；而她的情人，则是夏尔·波德莱尔。"烟叶香草"仿佛诗人笔下那"混杂着麝香与哈瓦那气息"的香气，属于这位"如夜色般黝黑的女神"²。然而，这款香氛同样适合波德莱尔本人：一位气若幽兰的翩翩公子，口中含着蜂蜜、蜜饯与利口酒的气息，在情人耳边低声吟诗。

  在那女子幽黑浓密的长发形成的波浪中，他"呼吸着烟草与鸦片、糖果交织的气息"，如同航行在追寻异国理想的航道上。从那些诗人以文字与想象抵达的远方，飘来了一丝绵柔的香草味，带着诡谲的温柔，与烟草叶缠缠绵绵。随后，这一谐调渐渐转向了动物性的氛围，带有皮肤般的微妙质感，如温热蜡油般充满光泽。

  这是来自闺房的香气，柔软如深陷的沙发。"烟叶香草"毫无顾忌地袒露着它的丰腴，宛如诗人歌颂过的那些饱满且自得的芬芳。那种充满魅惑的漫不经心，仿佛来自一位翩翩公子，或是黑色维纳斯，在这种慵懒随性中，温暖的气息得到了慢慢的释放。

1　指镶嵌在墙里的小房间、壁龛或床榻区域，通常半封闭，提供一定的隐蔽性和亲密感。

2　出自夏尔·波德莱尔名为"Sed non satiata"的诗句，该诗收录于诗人的诗集《恶之花》。"Sed non satiata"是拉丁语，意思是"但还不满足"。原诗为："Bizarre déité, brune comme les nuits,Au parfum mélangé de musc et de havane……"张秋红译本："啊，头发仿佛深宵那样一团漆黑、散发出麝香与哈瓦那烟叶混合气味的古怪精灵，热带稀树草原上的浮士德——某个奥比的作品，双胁乌黑的女巫，黑暗午夜的产物！"

品牌:	调香师:	主香调:
香奈儿	贾克·波巨	广藿香
		乳香
问世于:		安息香
2007 年		鸢尾

东方屏风
COROMANDEL

锦缎中的广藿香。欢迎置身于这流光溢彩的威尼斯宫殿的辉煌中。石榴红的天鹅绒，黯淡的金饰，经过岁月打磨的漆面，切割精致的水晶，没有什么比生活在这里更令人向往的了，这里可是精致奢华的巴洛克式威尼斯，商人们聚集的中心，世界财富的交汇点！

来自巴西的粉色浆果和邻近西西里岛的柑橘类水果迸发出香气，而来自老挝的香草棕色安息香则散发出柔和的光。而后，来自墨西哥的柔滑可可响起低缓旋律，为尊贵的广藿香王子铺陈出场序曲。这位王子从印度尼西亚远道而来，在这座水上之城过着醉生梦死的奢靡生活。他身披织锦，宛如置身于波德莱尔的梦境。王子手挽着他的伴侣玫瑰，只见那玫瑰身姿纤细优美，散发着浓烈的红色光彩，让男舞伴那阳刚而庄严的美更加闪闪发光。玫瑰披着丝滑的鸢尾织锦，以罕见的光泽衬托出高贵的肤色。

各种香调的芭蕾舞让人陶醉放松，仿佛沉入深邃的琥珀缎面之中，那织锦上点缀着点点乳香，仿佛柔软而慵懒的沙发，承接着这场华丽盛宴后酣然入梦。迷醉与沉眠交替间，仿佛还能望见广藿香王子周围金色斑驳的最后几位舞者，伴随着乐曲的回旋，翩然起舞。直至清晨的第一缕光照亮潟湖，才缓缓告别这场梦幻盛会。

这位王子的身影也常出现在其他宴庆中，例如卡地亚更为内敛的"时之抗辩"（L'Heure défendue），以及倩碧更为美味的"纯白"（Aromatics in White）。

品牌：
蒂普提克

问世于：
2010 年

调香师：
法布里斯·佩莱格林

主香调：
香草
辛香料
乳香
皮革

杜耶尔
EAU DUELLE

香草的环球之旅。在蒂普提克的世界里，香水的构思往往是从旅行叙事的角度切入的。"杜耶尔"的灵感来源于品牌联合创始人伊夫·库斯兰特（Yves Coueslant）的童年记忆——那段在法属印度支那度过的遥远时光。这是一部关于香草的游牧史诗，它从东方启程，向西方跋涉，在那段漫长的旅途中，它在每个歇脚地都吸纳了当地独特的香料，逐渐将自己丰满。

一切都是从某个干燥的香草荚开始的。香草荚表面被划开的瞬间，香气四溢的黑色种子便得以释放。紧随其后翩然而至的是菖蒲，带来一种由皮革、草本植物与辛香交织而成的湿地氛围，以及榄香脂带来的青柠的胡椒香调。藏红花、杜松浆果、粉红胡椒与小豆蔻，为这段旅途注入几分清爽之感。几缕萦绕而出的乳香又将香气的层次带入一种氤氲氛围中。

随着时间推移，各种气味逐渐消散，只留下一抹琥珀与麝香混合的香草余韵。那余韵极为柔和，却又天真温存，蕴藏着持久的力量，仿佛在低声安抚："别担心，我会一直陪着你。"

对于那些热爱异域香草，却又不愿被过度的甜腻所包裹的寻觅者而言，这将是一场让人满意的嗅觉漫游。

品牌：	调香师：	主香调：
馥马尔香水出版社	多米尼克·罗皮翁	玫瑰
		乳香
问世于：		广藿香
2010 年		辛香料

窃窈如她（贵妇肖像）
PORTRAIT OF A LADY

巴洛克式的经典。 乍听其名，"窃窈如她"似乎暗示了这是一款女香。然而，与馥马尔香水出版社的大多数作品一样，这款香水完美地诠释了什么叫作男女皆宜。甚至，我们可以说它那如夜晚般深沉、强劲的基调，让整款香水更显男性化。

从"肖像"[1]一词中，我们应捕捉到一种如大师画作般的气场，这款香氛的确体现了单纯的图像与真正的艺术作品之间的差异：艺术作品高贵、深邃，并带着几分神秘。香水的核心谐调停留在一株庄重华丽的玫瑰与一抹暗影重重的广藿香上，不得不提的是，玫瑰使用了非常慷慨的剂量。

这是一曲东方韵味的协奏，笼罩着辛香料、乳香与檀香木的光辉。但同时，给人的整体印象又不局限于东方，因为它还蕴藏着西方的细腻。前调中那覆盆子与黑加仑的轻盈，使玫瑰的红更加鲜艳夺目，作为陪衬的天竺葵更为玫瑰香气增加了起伏的层次与一种木质西普调。这是一场令人印象深刻的交响乐，丰富、浓郁，且自带贵族气质，尤其是在独特余韵的前呼后拥中。

这并不是一款可以轻率对待、随意喷洒的香水，涂抹"窃窈如她"需要一种富有仪式感的姿态，就像我们在涂抹珍贵的灵药一般。它会赋予使用者一盎司光彩，外加一份从容、坚定与自信。这样的经典之作，拥有备受推崇的地位是理所应当的。

1　这款香水名称的法语原文直译过来是"贵妇肖像"，但本书采用了另一更常见的译法"窃窈如她"。因此这里所说的"肖像"一词，是指原文标题中的"portrait"。

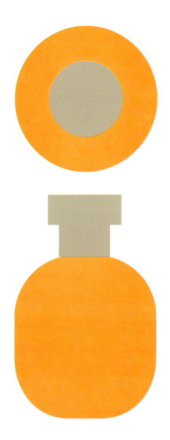

品牌： 阿奎斯（Arquiste）	调香师： 罗德里戈·弗洛雷斯－鲁 （Rodrigo Flores-Roux）	主香调： 可可 茉莉
问世于： 2012 年	扬·瓦斯尼尔 （Yann Vasnier）	辣椒（piment） 香草

阿尼玛枣
ANIMA DULCIS

大灵魂。阿奎斯这个香氛品牌，以气味重现历史与建筑的瞬间著称。其创始人卡洛斯·胡贝尔（Carlos Huber）是一位建筑师兼建筑修复者，同时对气味怀抱深厚热情。而这款"阿尼玛枣"的灵感，则来源于17世纪墨西哥的一座修道院。在那里，身为西班牙贵族征服者后裔的修女们，正在准备一款颇具创意的甜点，试图融合旧大陆与新世界的风味。巧克力的辛香、茉莉的迷人芬芳，以及香草的香甜，共同写就了一个令人着迷的嗅觉故事，并将阳刚之气与嗅觉体验完美地结合在一起。

香氛初绽时，温暖、奢华且令人垂涎的氛围便扑面而来。一抹蜜橘的甜香，与浓郁的辛辣气息相融，形成了一种富有层次的感官空间。在这场巴洛克式的嗅觉交响乐中，芳香草本植物、肉桂与孜然共同吟诵着一种独特的烹饪语言。随着香调渐变，一抹意想不到的茉莉脱颖而出，明亮而丰盈，为这款香氛染上橙棕色的温暖基调。此时，香水的另一位主角"可可果"徐徐登场了。这款著名的墨西哥可可果毫无苦涩感，也没有通常可可果会带有的广藿香或泥土气，反而呈现一种柔和、丝滑且包裹感十足的气息，最终延展至饱满圆润的香草尾韵。

这款"甜美的灵魂"是一场不加遮掩的感官盛宴，恣意展示着它的丰盛。然而，在仔细斟酌、精心调配下，它的炫耀反而显得恰到好处。

8

精神导师
GUIDE SPIRITUEL

愿您无邪的叹息直达天际，如同芬芳的香烟袅袅升起。
——拉辛《以斯帖》（1689）

　　请步入我谦卑的居所，在此沉寂冥想吧。无论您有何信仰，这里皆敞开怀抱，欢迎一切对灵性的追寻。您只需坐下并闭上双眼，倾听内心深处的声音。我不是招摇撞骗的江湖术士，更不是危险的邪教领袖，我只是一个谦逊的引路人，邀请您一同迈向更高的意识境界，抵达精神觉醒的彼岸。而为了把我们更好地带入向内探索的状态，我们最好先燃上一些香，不是吗？

　　在这树脂般的氤氲中深呼吸，那辛香而又馥郁的气味，蕴藏着神秘的力量，仿佛架起了人与神之间的桥梁，引领我们升上天界。自古以来，这些神圣的香料，不仅有着令人心神入定的魔力，更能将我们引入灵魂出窍的状态。无论是异教、撒旦仪式、伏都巫术、天主教弥撒还是佛教祈愿，无论您为何忏悔，以及您的信念和渴望是什么，这些香雾自始至终都在将我们的灵魂与生命的真谛相连。

嗅觉宇宙

乳香
没药
（myrrhe）

安息香
香脂
（baumes）

树脂
烟熏调……

品牌：
川久保玲

问世于：
2002 年

调香师：
贝特朗·迪绍富尔
（Bertrand Duchaufour）

主香调：
乳香
没药
雪松
胡椒

焚香系列　阿维尼翁
INCENSE AVIGNON

我们有香水了！ 除非是一只在圣水池中的青蛙[1]，否则，究竟是什么理由会让人想闻起来像一座教堂？这个问题在 2002 年，川久保玲推出其"焚香"系列的"阿维尼翁"时就引起了极大的关注。该系列香水致敬了全球宗教的焚香传统，除了这款天主教主题的"阿维尼翁"之外，还涵盖了东正教主题"札哥斯克"、印度教主题"杰伊尔梅尔"、伊斯兰教主题"瓦尔扎扎特"，以及佛教主题"京都"。

尽管现在看来，答案挺明显的："焚香"主题就是很受欢迎，早已成为小众香水界的泛滥主题。然而，早在 2002 年，这却是一次大胆的尝试：在此之前，从未有人像川久保玲的艺术总监克里斯汀·奥斯特古威莱那样，敢于将这一古老仪式的核心符号，塑造成西方香水中的主旋律。

作为该系列最具代表性的作品，"阿维尼翁"不仅散发着香炉的气味，它闻起来还有噼啪作响的树脂燃烧的味道，带有胡椒和柠檬的香气，也像几个世纪以来被烟雾浸染的祈祷跪凳，它们被精心养护，散发着蜡木香；或许你还能闻到经年的石头味、地下室的潮味，以及泛着香草气息的古老弥撒经本的尘埃味……

调香师贝特朗·迪绍富尔曾坦言，这款香水的灵感源自他儿时被严厉的祖母拖去参加弥撒的往事。尽管那段经历让人不太愉快，但教堂的气味却成为美好的回忆。这款哥特风格的香水，带有圣洁的或黑弥撒的余韵，不得不承认在每一次按下香水喷头的"扑哧"瞬间，心中都会升起一种令人感到释放的叛逆感。

1　对于宗教狂热者的比喻。

| 品牌：
爱纳克斯（lunx） | 调香师：
奥利维亚·贾科贝蒂 | 主香调：
藏红花
乳香
檀香
玫瑰 |

问世于：
2003 年

众神

L'ÉTHER

　　震动的薄雾。早在 2003 年，奥利维亚·贾科贝蒂就成为首批创立个人香水品牌的调香师之一，她以爱纳克斯为品牌命名，打造了一个独特的感官世界，将转瞬即逝的情感定格为嗅觉。而这款"众神"无疑是这一感官世界中最具代表性的作品之一。

　　没有传统的前调、中调、尾调，这款香水的神奇组合方式跳出了常规的描述与分类法。每一次舒展的喷洒都会释放出一种流动而迷人的物质，在其中，人们或能捕捉到一缕透明的乳香雾气、一抹轻盈的玫瑰与藏红花调磨砂烟云，隐约还含着些许微湿的泥土气息，甚至还有一丝悬浮于空中的蛋白霜粉。柔和的树脂类香气在缓缓流淌，干燥的雪松粉状气息，抑或轻描淡写的檀香木奶香味……

　　这神秘的薄雾充满了矛盾：既轻盈又浓郁，既无形又饱满，如同不断变化形态的海市蜃楼，难以捉摸。在希腊神话中，"以太"（éther）是众神呼吸的空气，比人间的空气更纯净、更温暖。而在这款香水中，调香师如同一位炼金术士，将这众神的超凡体验带入尘世，为我们这些凡人打开了一扇通往神秘世界的大门。

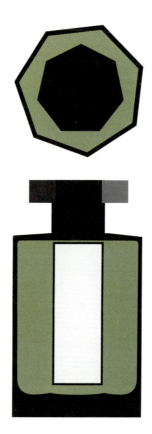

品牌：
阿蒂仙之香（L'Artisan
parfumeur）

问世于：
2004 年

调香师：
贝特朗·迪绍富尔

主香调：
香根草
乳香
杧果
辛香料

专属你心（廷巴克图）
TIMBUKTU

　　马里的"蝴蝶夫人"。这是一款以世界尽头之地命名的香水，至少从巴黎视角看起来是这样的。它还证实了某些嗅觉形式拥有跨越文化和时间的持久性。这款香水正是以嗅觉形式转译了一种源自马里的浪漫仪式：乌苏兰（wusulan）。在这种仪式中，人们将辛香料、树脂、木料、植物根茎与商用香料混合如熏香般燃烧，其烟雾将气息渗透至衣物与肌肤，宛如气味的祭礼。

　　尽管这款香水的灵感源自"熏香"这一最古老的增香方式，但它的香气本身却反其道而行之地以西普调呈现，要知道，这可是西方嗅觉家族中受过最多调教的香调。我们只需将它与娇兰的经典之作"蝴蝶夫人"放在一起对比，便能感知二者间的关联：一条贯穿果香与烟雾的线索，由细腻而锐利的香根草构成，如同稀树草原上的一株倔强的小草。在这款香水中，这条线索从青涩的绿杜果起始，辅以辛凉的香料（如小豆蔻与粉红胡椒），包裹着非洲特有的卡罗花（散发茉莉与栀子花般芳香的花朵）。这些气味点亮了这款香氛，为其披上了一层光影交织的透明面纱，其中又融合了乳香、安息香、没药与香附子（又名莎草，带有烟熏与根茎气息）。

　　作为一位热爱旅行的艺术收藏家，调香师贝特朗·迪绍富尔用"专属你心"呈现了一幅非洲真实画卷。它既根植于大地的原始质感，又闪耀着现代艺术的锋芒，就像这款香水用嗅觉的艺术再现了毕加索的《亚威农少女》。

品牌：	调香师：	主香调：
詹姆斯·海利	詹姆斯·海利	粉红胡椒
		乳香
问世于：		麝香
2006 年		劳丹脂

焚香教堂
CARDINAL

英式焚香。有时，我们渴望逃离疾速向前驶去的生活，允许自己停下来喘口气。每当这种渴望来临，最好的办法就是用某种香气为自己披上一层神秘的面纱，让澎湃的能量重新激发出我们的精气神。"焚香教堂"正是这样一剂良方，它散发着柔和与神秘的光晕，带着优雅的英伦气息，与它的创造者相视一笑。

这款香水以乳香为核心，由辛辣轻盈的粉红胡椒引领着开场，为那冷冽而带有柠檬调的树脂添上了一丝温度与活力，使其展现出更柔和的一面。之后一朵麝香云在轻柔的呼吸中扩散开，将所有的气味都包裹在一种纯洁无瑕中，巧妙避免了同类香水中常见的刻板肃穆之感。

很快，"焚香教堂"与劳丹脂的关系迅速升温，这位绝佳伴侣的到来为它增添了暧昧的氛围和包裹感。这支舞在之后的木质基调中得以延续，这木香优雅而得体，隐隐透出的英伦基因，让人感受到无可挑剔的生活品味。

这是一款兼具抚慰与升华作用的香水。它让乳香摆脱了常见的宗教庄严感，而赋予其一层平和温暖的光晕。这种微妙的转化，如同一场英式戏法，将虔诚肃穆变成了优雅简约，最终呈现一种独特而自然的气息。

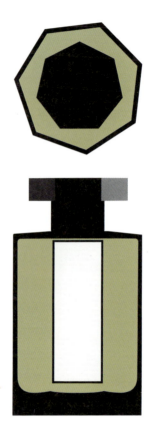

品牌:	**调香师:**	**主香调:**
阿蒂仙之香	贝特朗·迪绍富尔	辛香料
		乳香
问世于:		鸢尾
2006 年		香根草

梵音藏心
DZONGKHA

　　走进寺庙。"梵音藏心"是一种神秘而完美的混合物，如同大自然独有的造化之手才能调制出的天成之作。其中有辛香料的味道吗？当然，这不是小豆蔻吗？有茶香吗？不但有，而且略带一丝烟熏气息。有花香吗？有一抹柔和的鸢尾粉香悄悄显现，甚至还夹带着一丝果香盈盈的玫瑰香。

　　这份身披神秘光环的配方有着多重面貌，这些不同的面貌并不相斥，而是在充满灵感的旋律中相互交融，从一个滑向另一个。在粉质光晕的环绕中，香根草带着根茎般的泥土气息放声歌唱，它那深沉的音色应和着辛香料的声部。

　　尾调中，光滑的皮革引起了乳香的回响，这神奇的二重唱仿佛引领着我们，踏入一座隐于喜马拉雅山间的寺院，为了强调那还未受到人类破坏的自然景象，只保留了动物和神灵的痕迹。"梵音藏心"很难被简单地定义，这场嗅觉之旅如同一段难以捉摸的呢喃，时而简单，时而复杂，为我们奉上一份令人着迷的邀请函，带我们去感知那些在同修间低声传颂的奇妙方言。

品牌: 芦丹氏	**调香师:** 克里斯托弗·谢尔德雷克	**主香调:** 乳香 丁香
问世于: 2008 年		孜然(cumin) 广藿香

黑色赛吉（黑色塞尔日）
SERGE NOIRE

色彩的庇护。哔叽[1]是一种具有交织斜纹的轻柔织物，以其特殊的纺织结构区别于传统的绸缎和帆布。然而，我们将要讲述的这一匹斜纹布更非凡俗之物。漆黑如夜，它似乎被遗忘在某个偏远地区的本堂神父住宅中，那里连阳光都鲜少到访。"黑色赛吉"与人世保持了距离，变得肃穆而令人心生敬畏，仿佛一个被烈阳灼烧殆尽的园圃，难以想象它竟可被装入一个香水瓶中。

按下喷头，一缕干燥木香如同泪珠般沁出，浓稠的树脂气息浮现——以乳香和榄香脂为首，营造出一种浓烈而肃穆的氛围，辅以一丝尘土般的孜然与捣碎的丁香散发出的樟脑味。芦丹氏以那款"雪松"而闻名的基调在此继续发扬光大，却比以往更显深邃，与单色广藿香相映成趣。

然而，当所有希望就要破灭，当钟声停止回荡，在温和的肌肤上，渐渐出现了一股微温且包覆感十足的编织肌理，散发着劳丹脂的味道。这层由木材与香料结成的盔甲终将消退，化为干燥的琥珀织就的衣袍：一位僧侣战士在这片无光之地经历了激烈的搏斗后，终于迎来了喘息的时刻。或者，这仅仅是内省之痛的嗅觉化身？

"黑色赛吉"，一匹仍保留着过往神秘气息的斜纹布，它让我们以为已经消逝的记忆得以延续。它的绝不妥协成就了这款香水。

1　原文为"serge"，特指以羊毛为主的细密斜纹织物，通常用于制服、西装、风衣等的制作，常见的翻译还有"斜纹布"。本款香水法语原文的名称"SERGE NOIRE"，直译为"黑色斜纹布"。另外，"serge"也是芦丹氏品牌创始人赛吉·芦丹氏（Serge Lutens）的名字，本书采用国内已有的常见译法"黑色赛吉"，应该是来自创始人名字的中文译法。

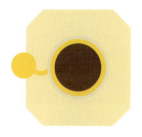

品牌： 罗格朗（Oriza L. Legrand）	调香师： 未知	主香调： 乳香 安息香 榄香脂（élémi） 松树
问世于： 2012 年		

浪漫主义之歌
RÊVE D'OSSIAN

凯尔特人的梦。18 世纪中叶，一部号称由公元 3 世纪苏格兰吟游诗人奥西恩（Ossian）所作的盖尔语诗篇译本问世。然而，这些故事其实是出自 18 世纪的作者之手。尽管后来骗局被揭穿，但在欧洲还是前所未有地掀起了一股对这部凯尔特史诗的狂热，而随之而来的"奥西恩热潮"更深深影响了整个 19 世纪的艺术。

不难想象，1900 年，罗格朗是如何抓住这一机会，以这个风靡时代的故事为背景，推出了这款名为"浪漫主义之歌"[1]的香水，并为它打出了响亮的口号："具有穿透力的香水"。这款作品仿佛源自一个海风呼啸、嶙峋怪石遍布的荒原场景。如今，这款香水已成为该品牌的经典之作，是 2012 年品牌复活时推出的首批四款再版香水之一。

这场凯尔特人的梦境以芳香四溢的松木气息开篇，夹杂着碘的气息和一些醛类尖锐的金属音调，让人联想到海边那被疾风拍打的潮湿石块。随后，浓郁的树脂乳香、带有柠檬清新的榄香脂，与辛香四溢的肉桂形成鲜明对比；丰盈的安息香、红没药[2]和劳丹脂相交织，营造出古老教堂的氛围，并让松树干也布满了青苔。矿物质的清新气息挥之不去，而磨损皮革的粉末状气息则带着温度继续蔓延，延续了某种神秘的、近乎催眠的情绪。

或许奥西恩从未亲自写下他的梦境，但罗格朗却用这款杰出的嗅觉作品，向这位吟游诗人致以了最崇高的敬意。

1　原文"RÊVE D'OSSIAN"的字面意思"奥西恩之梦"或许与本节的介绍内容更贴切一些。

2　原文"Opoponax"有时还被译为"甜没药"。红没药与没药和安息香的植物来源和香气特征都不同。

品牌：
内奥米·古德瑟
（Naomi Goodsir）

问世于：
2012 年

调香师：
朱利安·拉斯奎内
（Julien Rasquinet）

主香调：
桧木（cade）
雪松
乳香

苦行之林
BOIS D'ASCÈSE

穿越烟雾。[1]由澳大利亚帽饰设计师内奥米·古德瑟创立的品牌，以浓郁而个性鲜明的风格闻名，始终不妥协于平庸之道。正如她设计的帽饰与时尚配件，她的香水也展现出一丝略带古怪的优雅与暗黑的奢华。"苦行之林"，这个简单而精准的名字，恰如其分地揭示了它的气质。

自古以来一直被用于烟熏仪式的古老桧木，在这款香水中释放出木质的焦香。在雪松和树脂的调和下，一缕带着微酸烟味的雾霭缓缓升腾，晕染出一幅炭灰色的朦胧画面。这烟雾的灰色充满各种色调变化，一种渐暗，另一种就接踵而至：有烈焰熄灭后的灰烬之灰，来去都气势汹汹；有与褐色交织的原木之灰，那是自然风干了树液的树干颜色；还有教堂中缥缈的焚香之灰，明亮简素的灰烟向着教堂的穹顶袅袅升起。

这些灰色中没有绝望，反而充满着炽热的生命力与优雅的姿态。整款香水的构造精致干练，烟雾的气息被雕琢得细腻而持久。随着灰影逐渐散去，香气变得圆润：木质气息在劳丹脂和橡木苔的琥珀调与西普调香气中，重新焕发出生命的温柔律动。

温暖、粗粝、稀有而珍贵，"苦行之林"带领我们回到香水精神的本源——"穿越烟雾"。

1　原文"Per fumum"是拉丁文，字面意思是"通过烟"，是"parfum"（香水）一词的词源，表示通过烟雾传递香气。

品牌：	调香师：	主香调：
尤娜姆（Filippo Sorcinelli）	未知	榄香脂
		乳香
问世于：		红没药（opoponax）
2014 年		劳丹脂

拉夫斯
LAVS

教宗的艺术。身为艺术总监、摄影师、画家与管风琴演奏家的菲利波·索尔奇内利（Filippo Sorcinelli），最初因设计天主教礼拜仪式所用的服饰而名声大噪。不过，他本人的造型更接近满身文身的嬉皮士，而非虔诚的信徒。就是这样的一位艺术家，想象着要让教皇本笃十六世与方济各的长袍散发出香气，构思出了自己的第一款香水。于是，名为"拉夫斯"的香水就此诞生了，与艺术家的高级礼服工作室（Laboratorio Atelier di Vesti Sacre）[1]同名。

在一阵带有樟脑、清洁剂和轻微柠檬味的香气之后，榄香脂邀请我们进入尘封的忏悔室，在那里，上过蜡的木头散发出蜡香。胡椒、丁香和小豆蔻带来辛辣的药味。紧接着，焚香的烟雾徐徐升起，纯净庄严。它的身姿由温暖的树脂基调勾勒而成，劳丹脂、红没药与零陵香豆的烟油香气相互裹挟。

为何"拉夫斯"能在众多焚香主题的小众香水中脱颖而出？无疑是因为它那慷慨大气的尾韵与持久的表现力，尽管"香精"这个概念并不总是可靠，但用在这款香水上是实至名归的。除此之外，更为特别的是它那真正的景深感，给人一种高密度的印象：这款香水仿佛拥有金属般坚固的骨架，使其雄浑而令人敬畏。

我们并非置身于小小的礼拜堂，而是宏伟的大教堂。在此，阳光透过彩色玻璃，在烟雾中折射。而在高高的管风琴边，演奏者早已陷入一种神秘的狂热状态……

---

1 "Laboratorio Atelier di Vesti Sacre"是意大利语，字面意思是"圣衣工坊与工作室"。

品牌：
芦丹氏

问世于：
2014 年

调香师：
克里斯托弗·谢尔德雷克

主香调：
醛（aldéhydes）
乳香
胡椒
麝香

孤女（孤儿怨）
L'ORPHELINE

　　镜中忧伤。这是一件冷若墓园石碑的杰作，宛如卡斯帕·大卫·弗里德里希[1]画中哥特式废墟上的皑皑白雪，抑或月光在冰封湖面上的苍白反光。带着金属气的醛香似冰霜般从天而降，覆盖在翠绿苦涩的当归枝上，我们仿佛能听见西贝柳斯[2]《小提琴协奏曲》开篇的悲鸣，在那悲怆的旋律中，芬兰北部的冰原渐渐清晰。

　　乳香呼出的气息忽冷忽热，它那教堂矿物质的冷冽与烟雾缭绕的暖意彼此交缠。这阵烟雾的深处，带有辛辣胡椒气息的香气组合迸发出火星，磨砂般的银色微尘四溅。已经石化的木质香气，就像在霜雪和灰烬下的月光石晶体，任由冰冷的树脂气息如灵魂出窍般慢慢消散，化作一团松节油蒸发出的云雾。香气渐渐变得纤细，仿佛镜面的裂痕。但很快，低调的麝香气息悄然登场，拥抱温热的肌肤，为其披上令人安心的柔软皮毛，仿佛在试图告诉我们：所有的悲伤终将得到慰藉。

　　"孤女"拥有一种沉思的美。她那张忧郁迷人的面孔，反射出冬日大地与庄严教堂的肃穆壮丽。

1　19世纪德国浪漫主义风景画家，画作主题常涉及死亡、孤独、沉思、自然的神圣性等题材，以描绘树木或哥特式废墟等风景而闻名。他的风景不仅仅是对自然的再现，而是一种带有哲学思考和宗教情感的象征表达。

2　芬兰最著名的作曲家之一，浪漫主义晚期的重要人物。

品牌：	调香师：	主香调：
安娜托·莱布顿	安娜托·莱布顿	乳香
（Anatole Lebreton）		榄香脂
		孜然
问世于：		蜂蜜
2016 年		

魔咒古籍（魔法书）
GRIMOIRE

长袍之下。从神圣的焚香出发，调香师安娜托·莱布顿以这股树脂气息为基调，构建出一幅中世纪修道院的完整画卷。画中，身穿粗布长袍的修道士们正在药草园里种植芳香的草本植物。但在这个场景之外，调香师还希望为香水注入一种更人性化的维度：比如修道士们翻阅古老的魔法书[1]时，那下意识舔湿的指尖，以及蒙了灰的泛黄书页和其中记载的药剂配方。而更有人味的，是那种被困在无袖披袍下的私密气息……

香气的开篇清新纯净，柑橘类、薰衣草的味道与带有松木与柠檬气息的榄香脂调和而成，仿佛空气中弥漫着药草园的芬芳。随后，焚香的烟雾中渗入了一抹出挑的孜然香调，蜜糖般的甜意与近乎裸露的身体气息交织，令人无法忽视。这些修道士忙着采摘药草，用于熬制疗愈汤药，但他们似乎对肥皂并不熟悉。几乎可以断定，他们常在修道院古老石墙的阴影中释放膀胱……更多的气味细节撑开了我们的想象空间。雪松与广藿香的木质香调仿佛再现了忏悔室中的霉味，让这幅由嗅觉绘制的画面更加完整。

根植于这静寂而肃穆的场景中，"魔咒古籍"却是一款大胆、直白且充满挑衅意味的香水。它在修道院花园中柑橘类芳香的纯洁无瑕与修道士们不可言说的隐私之间，不顾危险地左右摇摆着。

1　从官方立场来看，天主教认为魔法是异端，禁止修道士研究魔法书，但在现实中，依然会有修道士对魔法书充满好奇，并打破规定。

品牌：
液态创想（Liquides
Imaginaires）

问世于：
2019 年

调香师：
路易丝·特纳
（Louise Turner）

主香调：
苦艾
天竺葵
康乃馨
乳香

恶魔之美
BEAUTÉ DU DIABLE

撒旦照耀下。树脂丰盈，香料浓烈，蜜饯果香诱人，一抹层次分明的花香如同轻柔的双翼，将珍贵而绵滑的木质香调揽入怀中。场面可能会显得过于杂乱，但这款香水的平衡之道让它得以从俗套中脱颖而出。草本苦艾与天竺葵的清凉薄荷气息紧密联手，促使多层次的花香被包进一朵东方调的玫瑰中，甚至还带着些动物性。这种气味在香料的衬托下，令人充满愉悦地想到了康乃馨。随后，这款香水的底色则显得愈发幽深：它的木质香调时而缭绕，时而挺拔，神秘莫测，乳香引领的没药与红没药的泪滴融入整体，构筑起一场精神性的嗅觉盛宴。

虽然算不上有真正的创新，但"恶魔之美"却巧妙地再现了浮士德的神话以及梅菲斯特[1]的形象。它那锐利的木香、戏剧性的对比，以及带毒的植物芬芳，令人联想到茂瑙[2]版本的《浮士德》中那些扭曲的布景、华丽的戏服和表现主义的阴影。这正是它最出色之处。乍一看，这款香水似乎刻意满足了小众香水创作的所有标准，但它的每一个选择都映射出既神秘又深奥的文化密码，东西交融，并与某种魔力产生了共鸣。

1　法语原文为"Méphistophélès"，是歌德所创作的《浮士德》中魔鬼的名字，此后在其他很多作品中都成为代表恶魔的固定角色。

2　弗里德里希·威廉·茂瑙（Friedrich Wilhelm Murnau，1888—1931），德国默片时代的著名导演，1926年拍摄的电影《浮士德》是其代表作。

9

让我们在森林里散散步
PROMENONS-NOUS
DANS LES BOIS

> 我们分明闻到了那样的气息：橡木与月桂树的烟味、
> 腐殖质和烧焦的红杉，以及潮湿的夜晚。
> ——让·赫格兰德《森林深处》[1]（2017）

我是一匹孤独的狼。我在林间空地上亲手建造了自己的木屋，从木屋出发，我用脚步丈量森林，搜寻意象和捕捉感觉。您知道吗？树木会说话，气味是它们的语言。树脂般的浓郁甘美随风飘散，传递着神秘的信息。您是否闻到过冷杉吐出的淡淡芳香？那是冷杉在发出警告：天气过于炎热干燥，或者某种虫害即将发生！

我喜欢顺应节气的规律而生活，徜徉在明暗交织的森林光影中。夏日，踏在松针铺成的地毯上；秋天，落叶在脚下沙沙作响。我永远不会厌倦抚摸粗糙的树皮，感受鲜嫩的叶丛；我热爱紧紧拥抱那些高耸入云的树干，并在树下采摘榛子、甜浆果或天鹅绒般毛茸茸的蘑菇。

我体格健壮，如伐木工般厚实的身材可能会让人有些不敢靠近，但这并不意味着我没有一颗敏感的心。我是隐士，不是野蛮人！

1　一部出版于20世纪末的后末日小说，书中设想了一种没有男人、没有资本主义的生活，让女性同自然和姐妹更加贴近。作者认为虽然那样的生活也并非完美，但至少会平和一些。

嗅觉宇宙

雪松
檀香
香根草

松树
广藿香
沉香
（oud）

苔藓
林下灌木丛的香调……
（notes de sous-bois...）

品牌： 芦丹氏	调香师： 克里斯托弗·谢尔德雷克 皮埃尔·波顿	主香调： 李子 雪松
问世于： 1992 年		桃子（pêche） 肉桂

林之妖媚（妖媚森林）
FÉMINITÉ DU BOIS

东方的雌雄同体。就像有些同样的发明会同一时期出现在世界的不同地区，比如农业，或是胸衣，或是果香与木质香的结合，这一注定大获成功的新型嗅觉结构于 1992 年横空出世，并以两种截然不同的形式被呈现：一边是穆格勒的"天使异星"（浆果、糖苹果、广藿香），另一边就是这款"林之妖媚"（李子、桃子、阿特拉斯雪松）。木材因其坚硬质地，历来被视为阳刚的象征，但这一次却以女性化的姿态出现，似乎是暗示了性别的流动性。况且，这棵树并非挺拔直立，而是慵懒地半卧半倚。

其创作者甚至将阿特拉斯雪松形容为"木质点心"。这是一种东方风情的甜点，被紫罗兰糖霜覆盖，洒上了玫瑰水与橙花水；水果蜜饯则被裹上香料，浸过蜂蜜后置于散发着动物皮革与樟脑气息的雪松托盘上，那盘子更早的时候被麝香与蜂蜡仔细擦拭过。

这款香氛既是对 1944 年的经典果香西普调香水"罗莎女士"进行了后现代重塑后提炼出的优化版，同时又自成一派，成为小众香水界的全新典范，就如同"天使异星"之于主流香水。"林之妖媚"是一个迷人的雌雄同体形象，其独特气质孕育出了无数后代。

品牌：	调香师：	主香调：
圣罗兰（Yves Saint Laurent）	阿尔贝托·莫里利亚斯	沉香
	雅克·卡瓦利尔·贝勒特鲁德	愈创木
		香根草
问世于：		雪松
2002年（M7）		
2011年（M7乌木精纯）		

M7 乌木精纯
M7 OUD ABSOLU

东方的野性之美。"M7"是汤姆·福特在出任圣罗兰时尚与美妆创意总监后设计的第一批香水作品中的一件。这位充满挑衅性的"情色时尚"开创者以其对香气的敏锐品味，打造出这款在当时显得过于前卫的作品。"M7"未能取得预期的成功，或许只是因为它问世得太早了——整整超前了十年！

这款香水充满琥珀调的气质，复杂又精练，如果一定要用一个词来形容的话，就是"魅惑"，因为它具备能够取悦于人的一切要素。由香根草、雪松和檀香构成的厚重木质基调，在保持了男性香氛的优雅风格的同时，又巧妙地避开了"剃须水式"馥奇调的老一套。多亏了一种与纸莎草近似的植物"香附子"的加入，这种混合的香气得以幻化出乌木[1]的雏形。这种叫作"乌木"（沉香）的木材从中东到日本都在被广泛使用，但是在西方香水界流行起来还需再过几年。到那时，这种香材将被过度开发，直至几乎枯竭。

在"M7"中，这种皮革般的、辛辣而略带动物气息的沉香调，为香水注入了迷人、深邃又神秘的特质。而藏红花与柑橘类交织的开篇，则赋予了香水一种略带药感的微苦清凉。夹杂着烟熏气与香草味的愈创木，将香氛包裹在琥珀色的电光中。乌木正是汤姆·福特设想的最佳主角，它完美演绎了他心中的性感男性形象：炽热且狂放不羁，这个形象的灵感来自一张20世纪70年代伊夫·圣·罗兰的裸体写真。至于"M7"这款香水，则在"鸦片"问世25年后，完美地延续了设计师的东方梦想。

1　原文"oud"，也译为"沉香"。

品牌： 蒂普提克	调香师： 丹尼尔·莫里哀 （Daniel Molière）	主香调： 檀香 雪松 胡椒 柏树
问世于： 2003 年		

谭道
TAM DAO

檀香木的细木镶嵌。位于越南北部河内附近的三岛（Tam Đao）[1] 国家公园，绝大部分被茂密的热带雨林所覆盖。在这片浓荫笼罩的群山深处，隐匿着几座幽静的寺庙。庙宇中燃烧着由檀香和其他木质香料制成的熏香，缕缕烟雾伴随着虔诚的祈祷。

这款香水没有试图捕捉热带丛林那葱茏湿润的气息，而是将干燥木材还未点燃时就有的那种粉感芳香封存于瓶中。伴随着一抹低调的玫瑰，檀香散发出绵柔的奶香，并隐约透着些许巧克力和胡椒的味道。此后，雪松的辛辣加入其中，其干燥而上扬的气息像是空气中的尘埃，平衡了檀香的奶油味。一同而来的，还有柏树和桃金娘的浓郁树脂香，比起东南亚风情，这种气味更具地中海气质，它们共同营造了一种垂直的空气流动感，就像是超越时空与地域的限制，在任意一个神圣殿宇中升起的袅袅青烟，以及随着那青烟升华的心灵。最终，香水回归到最初的圆润，以一抹香草的丝滑甜美为尾调，与麝香交织融合，留下温暖的余韵。

这是一种精妙的、关于嗅觉的细工镶嵌工艺，凝聚了来自世界各地的珍贵木质香料。"谭道"犹如触感柔和的木材，复杂但平衡，使用时也能给人带来温柔的体验。

1　本文介绍的香水"谭道"就是以该地名命名的，但作为地名时，更常见的译法是"三岛"。

品牌：	调香师：	主香调：
爱马仕	让-克洛德·埃莱纳	香根草
		零陵香豆
问世于：		榛子（noisette）
2004 年		烟草

馨香芳果
VÉTIVER TONKA

　　值得咀嚼的根茎。2004 年，当爱马仕推出由让－克洛德·埃莱纳打造的首批"闻香系列"香水时，这一系列便以其新颖、纯净的香调征服了人心。它们融合了未经雕琢的素材与意想不到的气味表现力。而其中的"馨香芳果"，则是一款将木质香伪装成甜食的奇妙之作：既不会因油腻而让我们消化不良，也不会因过甜而让我们高血糖，同时还赋予了香根草这一经典男性香料全新的生命力。总的来说，这是一款温暖的木质香，宛如抚摸猫咪柔软皮毛时的触感，令人倍感安慰。

　　香调之初，一种犹如黑巧克力、甘蔗糖、谷物与烤榛果组合而成的气息扑面而来，像是面前摆了一碗酥脆的烤麦片，令人垂涎欲滴。而在这诱人的美味之上，一株华丽的香根草尽情展现着其烟熏、浓厚、丰润的迷人姿态，与这甘甜的气息相得益彰。接着，零陵香豆登场了，带着杏仁、干草垛与烟草的柔和气息，用它的温润成功地托住了香根草那木质根茎的泥土芬芳。两者的平衡恰到好处，构成了一支既可口又干爽、既细腻又坚实、既现代又感性的香水。

品牌：	调香师：	主香调：
川久保玲	安托万·迈松迪厄	柏树
		樟脑（camphre）
问世于：		松树
2008 年		香根草

香樟木 [1]
MONOCLE HINOKI

创意工坊。2008 年，川久保玲与国际杂志《单片镜》（*Monocle*）展开了一系列香氛合作，巧妙地融合了文化、设计与商业的元素。其中这款以桧木为灵感的香水，令人耳目一新。桧木在日本被广泛应用于浴缸、神龛乃至寺庙的制作与建造，其天然香气十分独特，带有柠檬与萜烯的味道，而这种木材的气息在这款香水中被重新演绎得……令人欣喜！

初闻之时，这香气既迷人又充满戏剧性，甚至让人有些不安。松节油般的鲜翠、有樟脑味的刺鼻气息非常浓烈，仿佛将您瞬间传送到一个画家的凌乱工作室，周围散落着颜料与画布，而画家正沉浸在狂热的创作中。这种气息带着某种以太般的缥缈与令人迷醉的张力，甚至让人有致幻的感觉。然而，随着时间的推移，这浓烈的前调逐渐消散，取而代之的是一幅渐渐升温、充满泥土气息与辛香的嗅觉风景。柏树、香根草、雪松与松木被一种轻柔的龙涎酮分子包裹着，这种迷雾般的气息延伸至肌肤之上，让木质香调更加耐人寻味。干燥的木质发展出多个层次，并与带有烟熏味的树脂、焚香和烟草交织，再辅以杜松浆果的一抹点缀，这一切共同成就了一个极简、纯净的自然主义结局。

"香樟木"专为那些钟情于惊喜的香水爱好者而生，它像一位带着顽皮笑意的魔术师，在您最意想不到的时刻点燃您。

1　原文中的"hinoki"在法国也被称为"faux cyprès"（假柏），由于日语中"hinoki"的汉字是"檜"，所以在中文里常被译作"桧木"，但严格地说，在日本，"檜"专指"日本扁柏"，并不完全等同于中文语境中的"桧木"。这里采用的香水中文名"香樟木"，是在中国市场流通的普遍译法。

品牌： 芦丹氏	调香师： 克里斯托弗·谢尔德雷克	主香调： 松树
问世于： 2009 年		乳香 香根草 干果（fruits secs）

松林少女（高跟鞋少女）[1]
FILLE EN AIGUILLES

松林里的弥撒。在香水界，松树是个"不受宠的孩子"，因为它的精油具有消毒和除臭的功效，人们常常把它与治疗鼻塞的喷雾剂或是散发着"朗德的清新"[2]的地板清洁剂联系在一起，而很难想到高级香水。然而，试问，有什么感受会比盛夏午后漫步于松林中，闻着阳光下温热松脂散发出的柔和气息更真切独特呢？只不过，松树有它的任性，要驯服它需要深谙雕刻塑造与修饰的技巧，才能展现其最自然的模样。

"松林少女"成功地将我们带入了"明月松间照"的幽然意境中。松林掩映着一座小教堂，教堂里幽幽飘出的焚香与林间的草木芬芳交融。几缕干果甚至蜜饯般的甜香，裹挟着温暖的辛香料气息，愈发衬托出松脂那蜜糖般柔润的甜美，松脂在树干间缓缓流淌，让人联想到那颗带有舒缓功效的孚日润喉糖[3]。香根草的泥土气息勾勒出干燥的土地，上面铺满了被阳光炙烤的松针，这些松针散发出复杂而和谐的香膏与树脂气息。有人甚至能从中隐约嗅出一丝野性的气息，仿佛有只神秘的野兽藏匿在某棵树干后方……

尽管这款香水的名字带有一种俏皮的、偏女性化的双关含义，但它却是一款无论穿运动鞋的男士，还是踩着高跟鞋的女士，都能轻松驾驭的佳作。

1　原文中的"aiguilles"可以指松树的针叶，也可以指高跟鞋的细跟。

2　原文"fraîcheur des Landes"，指的是法国朗德省（Les Landes）特有的清新自然气息，朗德省以广阔的松林和大西洋海岸线著称，因此这种清新的空气主要由松林、海洋空气和沙丘植被共同营造。

3　原文 "La Vosgienne" 指的是一个法国著名的糖果品牌，专门生产法国孚日山区（Les Vosges）的传统糖果，其中松树糖最为有名。

品牌:	调香师:	主香调:
非凡制造（The Different Company）	席琳·埃莱纳（Céline Ellena）	紫苏
		胡椒
		芫荽（coriandre）
问世于:		雪松
2010 年		

巴赫马克夫 [1]
DE BACHMAKOV

白色呼吸。初嗅如同一杯冰凉的伏特加，带着黑胡椒的辛辣，正如一道冰雪中的闪电，将我们瞬间拉入北国的旷野中。西伯利亚列车已驶离车站，窗外浮现的是银装素裹的荒原。雪松的树皮和松针率先散发出迷人的樟脑与木质气息，令人沉醉。随后，胡椒转化为芫荽籽，带来独特的混合了花香、柠檬香与芳樟醇的气息，这种淡雅的气味也存在于小苍兰、薰衣草和香柠檬中。

接着，另一种更为罕见的气息登场了：紫苏，这种来自亚洲的薄荷般的植物散发出独特的孜然香，赋予整体香调一种微苦、尖锐甚至有些动物气息的个性。渐渐地，香氛显露出一种粉质与麝香的柔和质感，最终化为洁白如雪的奶香气息。一种冰火交织的错觉油然而生：冰雪覆盖的冷杉树林间，木质与香料的暖意若隐若现，宛如冰霜下燃烧的微光，仿佛浸泡在一杯杯绝对伏特加 [2] 的结晶矿物味中。

非凡制造的创始人蒂埃里·德·巴施马科夫 (Thierry de Baschmakoff) 希望推出一款能捕捉到他故乡俄罗斯的壮丽景象的香水，去讲述荒原的静谧、无尽的天际与凛冽的寒风。于是，调香师席琳·埃莱纳制造出了这款冷冽但又饱含幸福感的香水。

1　本书采用了国内较为常见的译名。
2　绝对伏特加（Absolut Vodka）是源自瑞典的全球知名的伏特加品牌。

品牌：
古特尔

问世于：
2012 年

调香师：
伊莎贝尔·杜瓦扬
卡米尔·古特尔

主香调：
松树
薄荷
永久花
琥珀

晚星（星空）
NUIT ÉTOILÉE

魔法森林。比起香水，松树的身影可能更常出现在去污剂类产品中。但是，这种植物作为香水原料，却蕴藏着丰富的情感与香调变化：如果强调的是那苍翠的松针，气味是清新而高扬的；而当我们将视线转向琥珀般的松香时，气味又会变得温暖与圆润。在这款香氛中，伊莎贝尔·杜瓦扬与卡米尔·古特尔巧妙地捕捉到了松树的这种双重性，邀我们踏上一场如梦似幻的林间漫步。创作灵感源于两位调香师对西恩·潘执导的电影《荒野生存》（*Into the Wild*）和小说《最后的莫希干人》（*The Last of the Mohicans*）最后一幕的回忆。

盛夏的一天，夜幕将至，凉意悄然袭来。树枝上散发出的樟脑清香与薄荷的冰爽、橘子的香甜交织在一起，令人心旷神怡。时间慢慢流逝，干燥的松针在脚下轻轻作响，被阳光炙烤了一整天的松果也逐渐散发出温热的树脂气息。永久花铺成的林间地毯，散发着琥珀般柔和的香气，夹杂着焦糖与甘草的味道。那是一处理想的庇护所，让人可以仰面朝天，对着苍穹沉思。

品牌：	调香师：	主香调：
蒂普提克	奥利维耶 · 佩舍	马黛茶
	（ Olivier Pescheux ）	快乐鼠尾草（ sauge sclarée ）
问世于：		广藿香
2018 年		烟草

旋律（广藿之韵）
TEMPO

隐姓埋名的广藿香。广藿香的口碑可能并不太好。自 20 世纪 60 年代起，它便被贴上了嬉皮士的标签，以及和这种标签相关的各种负面成见。就像那个时代盛行的东方琥珀调香水一样，过度浓郁的香味牢牢附着在皮肤上，久久不能散去。一说到广藿香，我们首先会想到回忆（Reminiscence）旗下的"广藿香女士"（Patchouli），当然还有不少历史上的畅销香水和近年来的热门作品也都是以广藿香作为主要成分而进行调制的。有趣的是，广藿香因其技术特性而成为香水界不可或缺的香材，只要不明确指出这是广藿香，消费者通常是能够接受它的味道的。

蒂普提克推出的这款"旋律"，在大胆致敬广藿香的同时，却巧妙地以含蓄的命名方式避开了与广藿香的直接关联。调香师采用了更加当代的创作手法，借助一种新型精油，剔除了广藿香那令人生畏的粗粝之处，使其在肌肤上持续敲击出如脉搏跳动般的迷人节奏。

前调融入了微妙的芳香草本气息，而广藿香则散发出干燥的烟草香调，夹杂着可可般的苦涩，融合了辛香料与麝香的气息。这款香水舍弃了传统上琥珀的浓烈感，呈现一种更为晶莹剔透的气质。它最具吸引力的一点就是：在肌肤的微咸气息中，营造出一个东方梦境所带来的微醺感，让与它擦肩而过的人怦然心动。对备受争议的广藿香来说，这是一次全新的演绎。"旋律"这款香水以精致的层次感、独特的尾调和超凡的气场令人印象深刻，并成功让广藿香的魅力焕发新生。

10
坚定的魅力
LE CHARME AFFIRMÉ

您知道，幸福是什么吗？
幸福，就是新车散发的气味。
——电视剧《广告狂人》中的人物唐·德雷柏的台词（2007）

我没有太多时间可以奉献给您，毕竟我是个日理万机的男人。要一直保持他人眼中的完美形象，始终充满说服力与魅力，可不是件轻松的事：每个清晨，我都精心挑选有设计感的领带与西装，皮鞋也永远擦得锃亮。最重要的是，我选用的香水必须能够完全契合我的个性，符合我所认同的经得住考验的价值观，并让我披上一层充满力量与威严的光辉。

我钟情于香根草，它优雅的根系深深扎进大地，让它变得坚实而稳定。我也欣赏东方调与馥奇调的经典融合，它们那种优雅而坚定的阳性气质，总能让我更加自信。不论是与客户会面时，还是工作之余在酒吧邂逅了迷人的女士时，我都喜欢被笼罩在一种低调隐秘但又诱人的光晕中……这种魅力让我很少失手。夜幕降临，我很少孤身一人回家。

嗅觉宇宙

———————

香根草
雪松
琥珀

———————

广藿香
零陵香豆
皮革

———————

香调类型：
东方调
（orientaux）
馥奇调……

品牌：	调香师：	主香调：
娇兰	让-保罗·娇兰	肉豆蔻
		黑胡椒
问世于：		香根草
1959 年		麝香

伟之华（香根草）
VÉTIVER

　　小香风粗花呢外套。香根草自古以来就是备受调香师喜爱的香料，但直到 20 世纪 50 年代末，它才真正走到舞台中心，从原本的配角逐步跃升为主角，作为时代的宠儿在男士香水中大放异彩，有的香水甚至不惜以它的名字命名。1957 年，卡纷（Carven）率先力捧香根草，两年后，娇兰更是将其推向了小资式优雅的巅峰。这家一向注重香水名称的诗意与画面感的品牌，罕见地为新推出的香水选择了非常直白的名字[1]，以突出香根草这款原料，但这并不意味着香水的结构会因此变得简单。从始至终，香根草都表现得很驯服。在其他材料的精雕细琢下，这种天生具有木质、泥土气和烟熏感的香气，很好地收敛了野性。就像是一匹粗花呢原布，被裁剪制作成优雅考究的成衣，彰显着十足的名流风范。

　　它的前调是混合了柑橘类与芳香植物的清爽开场，继而由雪松与檀香构筑出稳固的框架；其间，些许皮革质感与隐约的烟草香相映成趣。一抹柔和的花香赋予了木质香明媚的温度，而丝丝带有挑逗意味的麝香更是将芬芳缠绕上肌肤。这款"伟之华"的独特之处，就在它尾调中那一小撮细腻的香料，这些香料不仅做了漂亮的收尾，也为香水注入了一股跃动的生命力。肉豆蔻与胡椒共同生成了万花筒中那样迷人的图案，同时延续了香气中的矿物质质感，在这位看似无懈可击的绅士的袖口，留下了一丝火药味。

1　本款香水的原文名字就是"VÉTIVER"（香根草），但是本书还是采用了其更常见的另一个译名"伟之华"。

品牌：	调香师：	主香调：
娇兰	让-保罗·娇兰	香柠檬
		玫瑰
问世于：		皮革
1965 年		香草

满堂红
HABIT ROUGE

　　血统纯正。每个人可能都认识一位使用"满堂红"的男士……这款娇兰的经典男香，是我们集体嗅觉记忆中的一座丰碑。自 1965 年问世以来，无数人将它选作自己的嗅觉标签，在公共空间与个人生活中都留下了它那卓绝的尾韵。而这些选择了它的人，值得我们致以深深的谢意。这款香水属于那种极少数的佳作，拥有一目了然的美，却令人难窥全貌，它那复杂的构造，随着时间的推移，能够层出不穷地放出新的表现形式。"满堂红"常被视为娇兰的另一支经典女香"一千零一夜"的对等男香。的确，两者都具有的经典娇兰风格让它们有了一种微妙的家庭感。

　　在这支香水的光谱上，一端是明亮的柑橘调，像一杯后劲十足的，由香柠檬、柠檬与橙子调和的鸡尾酒；而另一端，则是奢华的琥珀调：香草、香膏和鸢尾化作一抹难以磨灭的印记，流连于肌肤。然而这些都还不是"满堂红"最独特的地方，它那非凡的核心构造才是，辛香四溢的玫瑰将众人的视线引向另一种深邃之美：来自马术世界的皮革气息悄然浮现，而雪松、檀香与广藿香则共同绘制出一幅秋日的森林图景。据说，这奇思妙想来源于香水大师让-保罗·娇兰所钟爱的两项活动：在马背上驰骋与每天清晨在朗布依埃森林中漫步。这支香水以无可比拟的高贵气质，为男士东方调开创了新巅峰。它成功地集优雅、精致与不容忽视的诱人魅力于一身。

品牌:
纪梵希（Givenchy）

问世于:
1974 年

调香师:
保罗·莱热
（Paul Léger）

主香调:
龙蒿（estragon）
肉桂
广藿香
皮革

绅士经典
GENTLEMAN ORIGINAL

　　皮革，就是时髦。这是纪梵希继"纪梵希先生"（Monsieur de Givenchy）和"香根草之水"（Vetyver）之后，推出的第三款男士香水，"绅士"大胆地打破了"前辈们"的传统经典框架，并借由这种胆识而让自己熠熠生辉。不承想，藏在"绅士"这一代表着庄重与礼仪的名字之后的，是一款难以驾驭的香氛。从一开始，它便毫不掩饰地展现出了自己鲜明的个性。

　　龙蒿的草本与茴香味长驱直入香水的核心：玫瑰、肉桂与丁香的组合，让这一组合不加讨好的粗犷面因此得以突出。此外，广藿香对其浓烈的霉香与泥土气丝毫不加掩饰，任何香调都无法驯服或柔化它。相反，一种老旧飞行员夹克般的皮革气息带着无数次飞行的岁月痕迹，进一步深化了它的暗黑魅力。随后，这位"绅士"对着天空吐出一个烟圈，带出陈年橡木苔那干燥、微咸的气味，在标准的咯痰流程之前，那一阵具有爆发力的动静，让一股麝猫香直冲而出，如同蜂蜜般酸甜又野性，这一通操作完整地展现出了这款香水的狂野本质。

　　"绅士"在优雅与不修边幅间游走，它对掌握礼仪与规范者散发着强烈且残酷的魅力，袒露出对放荡不羁的渴望。这是一款派头十足的香水，尽管它的美并不显眼，却能做到令人难忘与着迷。值得注意的是，纪梵希于 2017 年推出了一款全新的"绅士"，这款新版的木质芳香调与原版大相径庭，而原作现已被命名为"绅士经典"。

品牌：
凯文克莱（Calvin Klein）

问世于：
1986 年

调香师：
罗伯特·斯莱特里
（Robert Slattery）

主香调：
橘子
肉桂
康乃馨
琥珀

激情男士
OBSESSION FOR MEN

燥热。"激情男士"是在它的女版香水推出一年之后问世的，在保留了以东方绿调为核心的基础上，经过调整，更加迎合了男性消费者的需求，当时的男性香水市场正处于迅速扩张阶段。虽然它继承了 20 世纪 80 年代极繁主义香水的所有特点，但与许多同期的、被时代特征困住的作品相比，它最终还是以独特的超前气质脱颖而出了。

尽管开场并不出格，是那种经典的柑橘类（橘子、葡萄柚）清香混合了薰衣草的草本芳香。不过，它的独特性很快就显现出来了，中调由康乃馨与玫瑰主导，辅以肉桂、香菜和肉豆蔻等香料散发出的浓郁气息，最后再带出琥珀基调。这是一款优秀的东方调香水，刚开始模糊的性别界限，在广藿香、香根草、檀香与松针带来的木质气息影响下，最终落入了男性领地。整体香调如艾克斯杏仁蜜饼 [1] 般温暖诱人。

"激情男士"的每一处细节都在诉说着迷惑与欲望。它当年的宣传片就非常具有挑逗意味。年轻的凯特·莫斯（Kate Moss）以其充满神秘与诱惑的形象为香水代言，事实上，这是少数以女性形象代言男性香水的案例之一。然而，在性感诱人的外表之下，这款香水却蕴含着一种微妙的深邃，能够悄无声息地散发魅力，而不至于让人感到被冒犯。

1　法语原文"Calisson d'Aix"，一种橄榄叶形的杏仁糖果，是普罗旺斯地区艾克斯（Aix-en-Provence）的一种标志性甜点。

品牌：	调香师：	主香调：
娇兰	让-保罗·娇兰	香柠檬
		薰衣草
问世于：		芫荽
1992 年		广藿香

遗产
HÉRITAGE

世袭的优雅。千万别被这款香水的名字所欺骗了！它虽然有承载传统的价值，却在气味表现上展现了前卫的特性。那充满力量感的木质气息，浓烈又深沉，以至于会让人误以为它是近几年的某款小众香水。此外，它也是最早将男士淡香水升级为香水版本的作品之一。如今大家对"淡香精"这一浓度已经司空见惯，但在当时，这却是一次足以让人感到新奇甚至畏惧的创新，因为它暗示着某种与阳刚之气不符的精致感。但话说回来，"遗产"这款香水确实完美诠释了雄浑坚定的男性气概。

在这款香水中，各种元素似乎被焊接在一起，形成了一个不可分割、密集而庞大的整体。柑橘类水果（香柠檬和柠檬）、芫荽和薰衣草带来愉悦但短暂的前奏。紧接着，粉红胡椒的辛香逐渐升温，渲染出紧张氛围，为整首香气交响曲的核心"广藿香"做好了铺垫。调香师让-保罗·娇兰以他对过量运用的娴熟手法，将广藿香从"嬉皮士"标签中解放出来，使其焕发出高贵气质。广藿香的雄浑在雪松的衬托下更加浓郁，散发出新削铅笔芯的清香。随后，香水进入华丽的东方调尾声，饱含香草与零陵香豆的甜美。这些香调不仅塑造了娇兰世家的高识别度与名望，也成为人们会对一款娇兰杰作所抱有的厚望。

品牌：
馥马尔香水出版社

问世于：
2002 年

调香师：
多米尼克·罗皮翁

主香调：
香根草
香柠檬
粉红胡椒
麝香

不羁香根草（非凡香根草）
VÉTIVER EXTRAORDINAIRE

根茎纯香。多米尼克·罗皮翁还在罗亚公司（Roure），也就是今天的奇华顿工作时，就曾与馥马尔先生共事，当时馥马尔先生很喜欢用罗皮翁调配的一种木质香调。多年后，当他们在为馥马尔香水出版社构思下一款香水时，想到了可以在那个木质香调的基础上进行创作。但是，在开始前他们总觉得缺点什么。于是，一张蘸有全新天然香料的试香条出现在他们面前：这是一款由莫妮克·雷米实验室[1]研发的分子蒸馏工艺所提取的海地香根草原精。这种新香材味为他们的起点做了完美补充。通过剔除香根草中常见的萜烯、药草及樟脑气息，这款原精突破了传统用量极限，从通常的 10% 跃升至前所未有的 25%。这一前所未见的高浓度，以简约而挺拔的姿态支撑住了这款香水。

香水开篇出现的是一朵清爽而明快的云朵，由香柠檬、苦橙与粉红胡椒凝结而成。随后，香根草的香气渐次显现出明亮而坦率的光晕。开司米酮的木质香调宛如坚实的基础，托举着皮肤、檀香、苔藓与洁净无瑕的麝香气息。香根草在这款作品中，如同一件熨烫过的白衬衫，优雅而舒适。

1　莫妮克·雷米实验室（Laboratoire Monique Rémy, 缩写为 LMR），以创始人莫妮克·雷米的名字命名，她是一位在香料和香精领域具有重要影响力的女性科学家。LMR 致力于开发天然香料，特别关注香料的可持续性和纯天然成分。

品牌：	调香师：	主香调：
莱俪（Lalique）	纳塔莉·洛尔松	香根草
	（Nathalie Lorson）	柏树
问世于：		雪松
2006 年		麝香

墨恋
ENCRE NOIRE

优雅笔锋。虽然因为分销渠道较为零散，在法国并不容易买到，但这款绝佳的香水是所有香根草爱好者的心头好。在它那优雅的黑衣下，既有如同方正瓶身般粗犷坚实的气质，又有着书法艺术的细腻与优雅，而它的名字正是为了向此致敬。

初闻之下，其原料的丰富性与能量感扑面而来。相对简单的谐调，却是以现代和原创的风格写就，让人一见倾心。与前调略带柑橘气息的明亮形成对比的是，树液、松树与柏木的气息悄然显现，预示了气味带着烟熏、树脂的黑暗面将全面浮现。在这气息中，几乎可以嗅到墨汁的皮革感与酚类特质。香根草作为核心支柱，与雪松与愈创木共同演绎出木质香调的丰富层次。而其后调则被丝滑的麝香与龙涎酮分子温柔包裹，龙涎酮那具有干燥木质与琥珀香气的气味，为整个香氛笼罩上了一层轻盈和谐的薄雾。

对于娇兰"伟之华"的忠实拥趸来说，这是一次重温激情的绝佳机会。而那些钟情于优雅、稀有且独特的木质香调的爱好者也将带着惊喜再次深入感受他们的快乐。况且与其他一些小众香水相比，这款香水的价格要合理得多。

品牌:	调香师:	主香调:
香奈儿	贾克·波巨	香根草
	克里斯托弗·谢尔德雷克	柏树
问世于:		胡椒
2008 年		檀香

梧桐影木
SYCOMORE

　　精雕细琢的香根草。2008 年，香奈儿的"珍藏系列"迎来了一位全新成员，新香水的神秘名字借鉴自一种高大的槭树，这种树见证了装饰艺术风格家具的辉煌时代。尽管恩尼斯·鲍（Ernest Beaux）曾于1930 年推出过同名香水，但贾克·波巨与克里斯托弗·谢尔德雷克这次的创作却是一次全新的探索。他们以一种粗犷、犀利且充满生命力的方式，像创作木雕一样处理香根草。

　　结果就是，这款香水最初给人的印象或许有些单调，但喷上身后，却逐渐会绽放出一种温暖而绵延的复杂性，令人久久难以忘怀。前调中，辛辣而明快的气息突出了香根草根部那天然的青绿、烟熏、辛香与泥土气息，仿佛被无形的气流牵引，释放出深沉且炽热的暖意。叶片与苔藓的微妙香调让人联想到秋日深林中的漫步，周围的空气湿漉漉的。随后，树脂、乳香、柏木以及一抹檀香的加入，加深了那带有甜烟与香脂感的氛围，与香根草干燥、辛辣的严谨气息形成鲜明对比。最终，香奈儿标志性的优雅粉感如熟悉的织物般在肌肤上显现。这款香水巧妙地对一项难以革新的原料进行了全新演绎，"梧桐影木"堪称一件非凡的匠心之作。

| 品牌：
汤姆·福特

问世于：
2012 年 | 调香师：
奥利维耶·吉洛坦 | 主香调：
广藿香
鸢尾
香草
琥珀 |

黑色
NOIR

　　经典之下的炽焰。这款香水的瓶身方正厚重，很容易让人误以为它是那种没有细节，只有粗犷吸引力的男士香水。但事实恰恰相反。这款"黑色"诞生于大众香水市场推崇直白力量、彰显阳刚的时代，它却以其出色的复杂性与智慧性脱颖而出，在经典优雅与感官魅惑之间找到了微妙的平衡。

　　开篇是一抹带有胡椒气息的香柠檬，绽放出耀眼的光芒，与木质、湿润而又富有泥土气息的广藿香同时存在，让广藿香显得比任何时候都更真实。起初，广藿香颇具野性，但随着时间推移，逐渐被玫瑰的香气所驯服，而玫瑰的香气中又夹杂着天竺葵的辛辣，接着被鸢尾的皂感与粉质韵调柔化。温暖的琥珀尾调隐隐浮现，愈加浓郁，最终将"黑色"引向一种极致的感性之美：华丽却不失节制。香草、安息香与红没药柔化了香根草的辛辣调性，并与橡木苔的青苔感交织成一曲清晰的西普协奏。而麝猫香的加入，则为这款香水增添了一种潜移默化的情色气息。

　　在 2010 年推出的众多香水中，这款香水可谓独树一帜，它的复古气息令人想起娇兰的一些经典之作，尤其是"满堂红"。"黑色"用现代手法重新演绎了那种标志性的东方气息，在其中，我们还能够充分感受到法国特有的精致感。

品牌：
尼柯徕（尼古莱）
（Nicolaï）

问世于：
2014 年

调香师：
帕特里夏·德·尼古莱
（Patricia de Nicolaï）

主香调：
香柠檬
胡椒
香草
广藿香

纽约精粹（热情纽约）
NEW YORK INTENSE

　　向经典致敬。远离"不夜城"曼哈顿那高耸入云的摩天大楼，这款香水的旅程开始于树梢间。香柠檬和苦橙叶的果实挂满枝头，阳光透过枝叶洒下，为这清新辛辣的柑橘调注入酸涩的质感。百里香与艾蒿的青绿气息仿佛是从佛罗伦萨药草园里的果树下升腾而起。随后，辛香料悄然闪现：来自远方的胡椒、丁香和肉桂，与广藿香深沉的叶片相映成趣，为香氛增添了棕色泥土的颗粒感。这些元素在橡木苔的木质颤动中得以支撑，构成香气中段的丰富脉络。底调则是树脂与动物香的交融：麝香、麝猫香和海狸香，这些曾被慷慨运用于昔日香水制作中的元素，为香气注入了深度与持久力。

　　最终，丰盈而温暖的香草将一切包裹其中，令"纽约精粹"焕发出一抹仿若"一千零一夜"或"满堂红"的迷人气息，这两件杰作都是调香师帕特里夏·德·尼古莱深谙于心的传世经典，因为她刚好是让-保罗·娇兰的侄女。也许正是从这里开始，人们想到了失落的纽约，在那里，一些为躲避第二次世界大战而横渡大西洋的巴黎知识分子，也带去了一些旧大陆的礼仪和气味，包括这款具有古典阳刚之气和永恒魅力的东方西普调香水。

11

坏小子
MAUVAIS GARÇON

少装模作样：如果你在抽烟，那就好好抽，不要假装吞云吐雾。
——在《无因的反叛》（1954）的拍摄现场，詹姆斯·迪恩对丹尼斯·霍珀所说的话

人们给我起了个外号叫"拽王"，不为别的，因为我是自由的化身。为了迎合他人而做出妥协？大可不必。我既不需要向谁做出交代，也不需要对谁退让三分。我无所畏惧，连死亡都不放在眼里。我是个真正的男人。要问我的挚爱是谁，答案有两个：摩托和香烟。如果非要选一个的话，那就是速度更让我着迷，肾上腺素混合着沥青味和汽油烟雾，那种气味令人上瘾。

我喜欢皮夹克、靴子和手套散发出的那股强烈、辛辣而深沉的皮革味，它们与黏附在我皮肤上的烟草味相叠加，如一层隐形的烟雾盔甲。我甚至不介意再来点儿硫黄味——这样才更显极致。我是个叛逆者，一身反骨，因此我的气味印记必须粗犷、复杂，并充满摇滚精神。

嘴里叼着烟，一边修着摩托，一边听着卢·里德（Lou Reed）那沙哑低沉的歌声，等到机器重新轰鸣，那份满足感无与伦比。那一刻，我是世界之王！

嗅觉宇宙

皮革
烟草

桦木
安息香

焦灼烟熏调……

（ notes fumées brûlées... ）

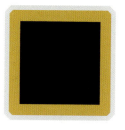

品牌:	调香师:	主香调:
尼兹（Knize）	文森特·鲁贝尔	茉莉
	（Vincent Roubert）	天竺葵
问世于:	弗朗索瓦·科蒂	皮革
1924 年	（François Coty）	粉感调（notes poudrées）

尼兹　十
KNIZE TEN

近乎完美的皮革。 在香水史中，有许多曾经辉煌的经典之作被逐渐淡忘了，但它们的确值得被世人重新关注。这款我们要介绍的香水便是其中之一，尽管产量极小，但它至今仍在低调发售。1858 年，来自波希米亚的约瑟夫·尼兹（Joseph Knize）创立了以自己的名字命名的维也纳高级男装品牌。这家店迅速成为男士时尚的标杆，甚至为哈布斯堡家族[1]提供服饰。在"疯狂年代"[2]的创造力浪潮中，尼兹推出了与他的声望相匹配的第一款香水。

这款香水以一抹清淡的柑橘调和草本气息作为开篇，随即引入一种粉感与皂香混合的气味，再加上一小撮丁香，令人立刻联想到爽身粉。然而，在这段彬彬有礼的开场过后，香气的基调迅速暗沉，由异丁基喹啉主导的皮革调逐渐显现。这种分子散发出特有的青涩、粗犷、皮革和甘草气息，将沥青般的硬朗质感贯穿始终，却被花香和香脂调和得恰到好处，呈现一种柔软且丰盈的层次感，近似于另外两款稍早面世的佳作：卡朗的"金色烟草"和娇兰的"蓝调时光"。

这是一款带有优雅怀旧气息的经典之作，若您懂得它名字的正确发音方式，便会更感高级：既不是英式的"Naïz"，也不是德式的"Knizeu"，而是捷克式的"Knijé"。至于"Ten"，则象征了我们在马球比赛中能拿到的最高分。

1　哈布斯堡家族是欧洲历史上最重要的王室之一，统治多个欧洲国家长达数个世纪，对欧洲政治、文化和历史产生了深远的影响。
2　疯狂年代指的是第一次世界大战后到 1929 年经济大萧条前，尤其是法国巴黎经历的一段极度繁荣、自由和文化创新的时期，是法国历史上最具活力的文化黄金时代之一。

品牌:	调香师:	主香调:
香奈儿	恩尼斯·鲍	桦木
		皮革
问世于:		茉莉
1924 年		醛

俄罗斯皮革（香精版）

CUIR DE RUSSIE

　　伏尔加甄选。1924 年，俄罗斯芭蕾舞团在欧洲巡演之际，可可·香奈儿与流亡巴黎的俄罗斯大公德米特里·巴甫洛维奇[1]坠入爱河。这位大公曾参与刺杀拉斯普京[2]，后因革命被驱逐至法国。当时，芭蕾舞者所穿的皮靴上，为了防水都会涂上桦木焦油，而这种混合的香气就被称为"俄罗斯皮革"。早在 1890 年，娇兰就曾对这种气息做出诠释，彼时巴黎街头似乎都弥漫着这种香味。然而，可可·香奈儿有更大的野心，她希望将这气味升华至艺术。

　　这款香水既是一面镜子，映照出了法国人对俄罗斯帝国的情怀，也是一位无与伦比的"易容大师"。在这款香水的核心部分，皮革调清晰可见：我们可以感受到桦树皮的粗糙，也可以触摸到动物的柔软皮毛，注意，是用鼻子"触摸"。这种辛烈的气味总是在我们探寻时转瞬即逝，取而代之的是鸢尾与茉莉的显现。这两者打磨着香气深沉的内核，借助一丝带有香豆气息的麝香，将人带入 20 世纪 20 年代的咖啡馆，在那里，时髦女性开始抽起了金黄烟草。

　　随后，皮革变得柔软细腻；橙花、橘子和依兰通过温和的醛类香气进一步淡化了皮革的质感，让它的优雅更添一份神秘，仿佛蒙了面纱。"俄罗斯皮革"像是从一间豪华包厢中悄然飘出，在其中，人们交换着秘密，肌肤贴着肌肤。这款香水既是一次时光倒流之旅，也是对一种无须怀旧的当下的肯定。

1　德米特里·巴甫洛维奇大公是俄罗斯帝国末代沙皇尼古拉二世的堂弟。

2　格里高利·拉斯普京是俄罗斯帝国末期的一位神秘主义者和宗教人士，因为对沙皇尼古拉二世和皇后亚历山德拉·费奥多罗芙娜有着过高的影响力，而招致了暗杀。

品牌:	调香师:	主香调:
爱马仕	让-路易斯·塞萨克	香柠檬
		丁香
问世于:		橡木苔
1986 年		皮革

漂亮朋友
BEL AMI

　　风流大盗。爱马仕以莫泊桑的小说《漂亮朋友》命名了这款香水。小说的主人公，雄心勃勃的乔治·杜洛瓦，靠着他那些在新闻界、金融界和政界中举足轻重的女性情人，最终攀上了权力巅峰。如果说男士香水的广告通常都会通过塑造这种拥有财富和名利的形象让人心动，那么这款香水则是通过嗅觉体验再现了这一形象。

　　故事的开头就像早已注定的那样：明亮的香柠檬与柔和的橙花油率先登场。但在这表面的温文尔雅下，我们捕捉到一丝不易被察觉的狡黠，那是辛香料给出的暗示：丁香、胡椒和小茴香的气息会让人意乱情迷地停留在温热的肌肤上吗？不可能，因为很快香根草、雪松和广藿香整合而成的优雅木质调就会替代之前的辛香。

　　然而，正如复杂的性格才能让杜洛瓦这个人物立住一样，香水的尾调也迂回曲折：它在寻找一种介于古典严谨的西普调与更为狂野的动物气息之间的微妙平衡。但这种嗅觉的"过度表达"不会欺骗那些真正了解经典的人：这款香水通过大量使用异丁基喹啉来暴露自己，带有绿意和粗犷感的皮革香气才是它的真面目。我们可以清楚地感受到，"漂亮朋友"是在向罗拔贝格的那款"匪盗"致敬。不可否认的是：这是一款很难让人不爱的香水，也是爱马仕香氛家族中的狡黠之徒。

品牌:
帝国之香

问世于:
2006 年

调香师:
马克-安托万·科蒂基亚托

主香调:
皮革
茉莉
鸢尾

土耳其皮革
CUIR OTTOMAN

　　别样的皮革。有的"坏男孩"不是真的"坏"，他们只是看起来令人生畏，却拥有一颗慷慨温柔的心。而那种真正的坏人，像猛兽般罔顾他人的道德准则，面对良心的叩问也只会感到一丝微弱的刺痛。

　　这款皮革香水以一种狂野的气息拉开序幕，混合着夜晚初醒的茉莉芬芳，瞬间令人迷醉。随后，一抹细腻的鸢尾花香缓缓浮现，与这片"皮革地毯"摩擦出一股微妙的张力。野兽的气息在空中弥散，如猫科动物的脚步，优雅而危险，这是来自本能的致命吸引力。这股半花香半动物香的浓郁气息，虽然深沉但依然在缓缓流动，不多时，它便迎来了安息香与妥鲁香脂的圆润触感，让这位猎人的凌厉轮廓变得柔和起来。香草与零陵香豆又赋予了整个香气一抹甜美醇厚的质感，就像是战士稍作歇息的余韵。而后，乳香的加入为这充满炽热欲望的氛围注入了一丝冷静与深远。

　　"土耳其皮革"仿佛为那些孤独的猎手量身定制：他们背负着神秘过去，如豹子般行踪难测，他们的魅力通过这款香水展现得淋漓尽致。

品牌：	调香师：	主香调：
解放橘郡	安东尼·李	醛
	（Antoine Lie）	乳香
问世于：		皮革
2006 年		鸢尾

一无所有
RIEN

纵情享用。

"你闻起来真香，用了什么香水？""什么都没用。"

只有解放橘郡这个特立独行的品牌才会选用这种容易误导人的名字吧？而这样做就是为了颠覆名字给人的暗示。所以我们不要被名字迷惑：这款香水才不是什么想要变成小透明的低调作品，它有着非常强烈的个性。

开篇即是一阵玫瑰与醛的复古芳香扑鼻而来。趁着这股蒸腾的粉感香气还未完全散去，一场熊熊烈火过后的遗迹出现了，火势还在蔓延。烧焦的乳香、灼热的安息香，以及沥青与焦化橡胶的气味交织出焦黄的皮革气息。在这团灰烬烟雾之中，一抹尘土飞扬的鸢尾花香让人仿佛置身现场。然而，这些灰烬的微苦被劳丹脂与广藿香的温暖气息悄然柔化，形成了一个深邃而舒适的琥珀谐调，持久且浓烈。

这下我们终于知道了：为什么"一无所有"比"有"更多，甚至远超期待。

品牌：	调香师：	主香调：
香水实验室（Le Labo）	安尼克·梅纳多	桦木
		安息香
问世于：		香草
2006 年		广藿香

广藿香 24
PATCHOULI 24

　　硬汉柔情。专为寻求强烈感官刺激的冒险者打造，这款香水乍一闻似乎桀骜不驯，它的主人，只有在同时拥有沉着与耐心这两种罕见的品质时，才能驯服它。

　　它以带有皮革咸香的桦木气味开场，这是一种鲜明的烟熏调，能够从鼻腔直达味蕾，让人联想到某种美味。而它的火候刚好，并未滑入烧焦或刺鼻的境地。当您愿意再花一点时间感受它，并向它表明您的无所畏惧时，这个"叛逆者"就会缓缓暴露出它的温暖宜人：一张由黑香草和辛香料铺就的柔软之床。最初的嗅觉冲击显然只是驱赶不速之客的一种方式，而一旦信任建立，它便愿意与真正的同伴共享温情。

　　"广藿香 24"由热衷于探索深色香调的调香师安尼克·梅纳多创作。灵感源自她的一位音乐家好友的旧皮夹克，她希望能复原那件皮夹克满载着岁月的味道。因此，最初这款香水的雏形被命名为"Via con me"，是她赠予朋友的一份私人礼物，从未面向市场销售过，配方一直静静地躺在抽屉里。直到有一天，香水实验室的创始人请她创作一款让她念念不忘的作品，这一珍藏配方才得以重见天日。未经任何修改，"广藿香 24"就这样诞生了。这部杰作初期以力量为语言，以鲜明的性格为人处世，最终却在温柔的呢喃中谢幕，犹如北方森林深处的印第安之夏。

品牌： 汤姆·福特 **问世于：** 2007 年	**调香师：** 雅克·卡瓦利尔·贝勒特鲁德 哈里·弗雷蒙 （Harry Frémont）	**主香调：** 皮革 覆盆子（framboise） 藏红花 乳香

托斯卡纳皮革（奢迷皮草）
TUSCAN LEATHER

　　水果的肌肤。作为 21 世纪头十年诞生的作品，"托斯卡纳皮革"重现了汤姆·福特所怀念的 20 世纪六七十年代的皮革香水：那些暗沉烟熏、充满野性气息的作品，以葛蕾（Grès）经典的"倔强"（Cabochard）为代表。这款香水不是对昔日的直白致敬，而是一次大胆的再创作，由雅克·卡瓦利尔·贝勒特鲁德和哈里·弗雷蒙联名推出。两位调香师重新演绎了那种厚重如飞行员夹克般的皮革调，并加入了一个在当时有些出人意料却又与时俱进的元素：甜如果酱的覆盆子。这一果香元素在配方中以超高浓度（接近 15%）呈现，并因此得以对峙皮革的深邃，凭借其浓郁的果香平衡了皮革的阴暗。要让这两个极尽奢华却又几乎对立的香调能够和谐共存，不仅在技术上有挑战，还需要艺术上的冒险精神。然而，事实证明，这一配方是有效的。

　　如今，"托斯卡纳皮革"已是独立香水界的经典之作。它在肌肤上绽放出层次分明的芳香、树脂和烟草味。而乳香与藏红花的香调则为这款香水增加了一点中东气质，难怪这一中性而强健的香水在那个地区也吸引了众多追随者。作为第一款"美食皮革调"香水，"托斯卡纳皮革"取得了巨大的成功，之后又激发了许多其他香水的灵感，但其标志性的特征始终拥有极高的辨识度。

品牌： 卡地亚	调香师： 玛蒂尔德·劳伦	主香调： 烟草 水仙 桦木 香草
问世于： 2009 年		

第十三时
LA TREIZIÈME HEURE

烟雾缭绕。 无论从历史还是词源的角度来看，"香水"与"燃烧"这一概念都密不可分。最早的芳香材料就是通过燃烧时产生的烟雾来散发香味的，也因此才有了"per fumum"[1]一说。在这款香水中，玛蒂尔德·劳伦通过充分运用她调香盘上的焦香烟熏元素，调动了从最直观到最微妙那些细微差别，向香水的起源及其本质致敬。

一开始，火焰就出现在舞台的中心：壁炉中的橙色火焰散发着灰烬的气息。一旁的桌子上，堆叠的旧书透出泛黄的书香，书页中还夹着一束辛辣的干草，闻起来就像水仙和烟草叶。刚沏好的正山小种红茶[2]搭配浓郁的英式奶油布丁，布丁中还浸泡着油润发光的香草荚。角落里，有一张宽大的老式俱乐部扶手椅，已然斑驳的皮革被一条柔软的羊绒披巾盖住，散发出沉稳的广藿香气息，宛如一个理想的避风港。这款香水是一场微妙又和谐的烟熏色调盛宴，具有令人难以抗拒的吸引力。

1　参见第八章中"苦行之林"香水介绍中关于"Per fumum"的译者注。
2　原文"Lapsang Souchong"，这个词是从汉语（闽南语/客家话）音译而来，指代中国福建武夷山地区的正山小种红茶。

品牌：	调香师：	主香调：
帝国之香	马克-安托万·科蒂基亚托	烟草
		水仙
问世于：		蜂蜜
2015 年		永久花

禁忌烟草
TABAC TABOU

　　这不是一只烟斗。[1] 正如波德莱尔所言，吸烟室是男人的闺房。在这里，松开了绳结的烟草袋，弥漫出来自异国土地的气息，或许是弗吉尼亚的田野，又或是中美洲的平原。"禁忌烟草"如同一家半地下的烟馆，其氛围既柔和又充满感性，甚至带点野性。

　　体验从圆润和果香开始：一束白花和水仙裹在割下的干草中，散发出蜂蜜和初夏樱桃的甜美香气。这气味在房间中扩散，于是，水仙与永久花汇合，蜂蜜化为皮革，烟雾则引领我们走向烟草香调更为深邃的阴影处，开场湿润的香气在这一系列变化中逐渐转向干燥。此时，燃烧的烟叶散发出柔和油润的烟斗烟草香，骚弄着肌肤，其厚重的烟雾在空中慵懒盘旋，最后掠过喉咙。随后，香气转向东方调，它的麝香基调暗示了身体的温暖、皮肤的质感和一种暧昧的暖色调。更多的细节则不便展开了：吸烟室已悄然化身为闺房，而这烟草香也成了禁忌之物。最终，冒险结束在麝香长榻上，榻上的布料仿佛还保留着那些夜晚的记忆，那些令人心神荡漾的柔情时刻。请当心那些看似平和的吸烟者：入夜之后，他们总能在烟雾中堕入情感的陷阱。

1　原文"Ceci n'est pas une pipe"是比利时超现实主义画家勒内·马格里特最著名的作品之一《形象的背叛》（*La Trahison des images*）中的文字。这幅画创作于 1929 年，属于超现实主义运动的一部分。画面上是一只逼真的烟斗，下方却写着"这不是一只烟斗"。这一悖论性表达挑战了观众的习惯性认知：画上的形象确实是烟斗的图像，但它并不是一只真实可用的烟斗。

品牌:	**调香师:**	**主香调:**
古驰	阿尔贝托·莫里利亚斯	皮革
		麝香
问世于:		桦木
2017 年		广藿香

罪爱不羁
GUCCI GUILTY ABSOLUTE

皮夹克与白 T 恤。"罪爱不羁"是一款坦率直白的香水，从柠檬与葡萄柚的清新前调迅速升华为一种线性且持久的气味结构。它给人的整体印象如同一件深色的皮革外套，气质古朴且带有木质清香，以广藿香和香根草为基础，构建出了桦木的烟熏调：干燥、浓郁且彰显着男性气质。

这款香水虽然坦率直接，但调香师阿尔贝托·莫里利亚斯并未任由它流于刻板印象，由于避开了污秽或沥青般的气息，它的味道更接近于一件套在白 T 恤外的皮夹克，我们甚至还可以隐隐地闻到白 T 恤上的洗衣粉香气。虽然皮革香占主导地位，但毛茸茸的玫瑰气息和一股扑面而来的纯净麝香味让气味组合显得顺服与通透了些，于是，这款香水变得更加舒适且易于驾驭了。

力量与自信兼备，却不张扬。这款香水几乎未在时间中变化，以稳重且平衡的结构，构建了一种令人安心且容易辨识的个性气息。它是温暖而沉着的存在，既展现了对男性气质的自信表达，又拥有适度的克制感，在人群中悄然脱颖而出时并不会显得用力过猛。

品牌:
夜游人（Une Nuit
Nomade）

问世于:
2017 年

调香师:
安尼克·梅纳多

主香调:
烟草
鸢尾
康乃馨
乳香

记忆号汽车旅馆
MEMORY MOTEL

热血沸腾。 "记忆号汽车旅馆"是对这款香水的隐喻：香水寄宿于一个瓶子的有限时光，被我们借来唤起种种回忆。这个香水名除了可以理解为一家汽车旅馆的名字，还是滚石乐队 1975 年发行的专辑《黑与蓝》（*Black and Blue*）中的一首歌名，而专辑录制的排练地则是安迪·沃霍尔在长岛蒙托克的住所。这种影像化的灵感，经过调香师安尼克·梅纳多的创作之手，转化为烟草、广藿香和皮革的浓郁气息，让我们仿佛置身于录音室的热气腾腾中：飞行员夹克、骑士皮裤的斑驳痕迹，以及一张久坐塌陷的沙发。录音室既是创作音乐的地方，也是复活那些缺席者的场域，就像香水之于记忆。

这里的"归来者"不仅暗指布莱恩·琼斯的灵魂，同时也勾起了梅纳多对另一件作品"广藿香 24"的记忆，那是她为香水实验室所作的广藿香颂歌。而在这个如同歌曲《染成黑色》（*Paint It Black*）的调香盘中，除了甜中带苦的杏仁气息和柔和粉感的鸢尾，还能捕捉到现代香水中一个被遗忘的身影：康乃馨。这种香料的辛辣灼热点燃了乳香，为整体调性增添了戏剧性的张力。

当你在翻阅《弗门丧歌》或重温玛丽安·菲斯福尔[1]的回忆录时，都可以配上这款香水，记住，一定要把"音量"开到最大。

1　英国歌手、词曲创作人、演员。她不仅是 20 世纪 60 年代伦敦摇滚圈的象征人物，也是滚石乐队的灵感缪斯。

12

肌肤之上
À FLEUR DE PEAU

德-拉-佩罗尼先生认识一位地位显赫的绅士，
每当夏日炎炎之际，他的左腋下就会散发出令人惊叹的麝香味。
——德尼·狄德罗主编《百科全书》(1765)

来吧，靠近点，别害羞，让我来介绍一下我的猫楚楚（Chouchou），它是一只布偶猫。它的日常就是懒洋洋地腻在我怀里，在我胸前打呼噜。它渴望爱抚，就像我一样。我总是不厌其烦地把鼻子埋进它的毛发中，狂吸那种幽微、茸软的麝香香气，那无声、沙哑的气味既原始又温柔。

我是个嗅觉极为敏感的人，对外界的很多感知都来自我的鼻孔，因此我的鼻孔总是张开着，准备捕捉空气中细微的讯息。要知道，我们不应该畏惧释放自身动物性的一面。人类的体味是我所知的最令人着迷的气息之一：吸嗅略带湿润的皮肤褶皱处，或是一件干净 T 恤隐约散发出的野性气味，都能激发我近乎兽性的情欲。就像冰面下的火焰，表面平静实则暗流涌动，懂我的意思吧？

嗅觉宇宙

麝香

麝猫香

海狸香

（castoréum）

闭鞘姜

（costus）

孜然

带有粉感与皮毛气息的动物香调……

（notes animales poudrées de fourrure...）

品牌:	调香师:	主香调:
娇兰	艾米·娇兰	薰衣草
		香豆素
问世于:		香草
1889 年		麝猫香

姬琪（掌上明珠）
JICKY

过去、现在、未来。"姬琪"的演讲以一道薰衣草淡紫色的闪光开场，这种礼貌提醒的方式显得既传统又迷人，仿佛在表明：在它的世界，一切就井然有序。开场白之后，香柠檬与迷迭香的经典装饰性在气味的演进中渐渐丰满起来。这一演变的过程非常精准与均衡，以至于在130 多年后的今天依然令人赞叹。

当主要的香调接触到深不可测的、白色的香豆素、香草醛与鸢尾时，一抹光芒就会从其中迸发，让它们洁净自然的画面感比任何时候都更逼真。随之而来的是辛香料如齿轮般的圆周运动，木质的纵向气息，以及动物性气味的极端张力，它们交织出一片介于空气与肌肤之间的微妙边界，紧贴着衣服的领口与褶边处……

在这场让人目眩神迷、屏息凝神的游戏中，"姬琪"以先驱者的绝对实力，重新诠释了整洁与狼藉、热与冷、古典与现代之间的永恒对峙。

品牌：
爱马仕

问世于：
1951 年

调香师：
埃德蒙·罗尼斯卡

主香调：
香柠檬
薰衣草
孜然
皮革

爱马仕之水

EAU D'HERMÈS

众神的信使。每一家严谨的香水品牌，都应拥有一款属于自己的"水"。然而，令人遗憾的是，许多所谓的"水"，往往在以营销作为驱动力的现实中成为流水线产品，做出了一种介于平庸与妥协之间的悲哀表达。"爱马仕之水"则不一样，它站在这一切的对立面。在爱马仕的"闻香系列"中，这款香水以令人嫉妒的方式被保存了下来，它无视时间与常规，在用香者的颈间同时吹拂出炽热与清凉的气息。

故事的开端，是一阵地中海的微风：苦橙叶、香柠檬以及经典古龙水中的所有柑橘元素在阳光下绽放。与此同时，一束以薰衣草为首的草本植物用气味勾勒出梦想中的假期好天气，我们仿佛舒适地仰卧在海天之间。然而，是在一个夏天吗？很快，其他季节也开始轻声低语。海岸线的阴影不再延展，香调逐渐染上一层孜然的温暖，点缀以芫荽的辛香和一丝肉桂的甜辣。"爱马仕之水"让人联想到遥远地平线上的东方、一个又一个季节的味道和温暖的肌肤气息。

这款香水的气息远闻清新如微风，近嗅却炙热如火焰，完美再现了其创造者埃德蒙·罗尼斯卡那份从容不迫的非凡气质。纵使时光流转，"爱马仕之水"依然以其独特的嗅觉语言，向我们传递着信息。

品牌:
海尔姆特·朗(Helmut Lang)

问世于:
2000 年至 2014 年

调香师:
莫里斯·鲁塞尔

主香调:
薰衣草
香草
麝香
檀香

海尔姆特·朗淡香精
EAU DE PARFUM HELMUT LANG

麝香与肌肤。20 世纪 90 年代末，奥地利设计师海尔姆特·朗邀请调香师莫里斯·鲁塞尔为其创作一款香水。当时，海尔姆特·朗正在引领潮流，并以其极简、前卫的设计风格而声名鹊起。他是极简主义的先驱之一，风格激进而简洁。然而，在那个崇尚纯洁与宁静的时代，他的要求却别具一格：他希望这款香水能够唤起对一夜激情的回味，在揉皱的床单与并不单调的疲惫感之上。

基于一种对传统古龙水的反向演绎，这款香水以薰衣草和麝香为基调勾勒出了气味的轮廓。而其"淡香精"版本则以更浓烈的浓度重释这款经典配方。创作的灵感来自海尔姆特·朗的造型师、合作者梅兰妮·沃德（Melanie Ward），有时海尔姆特·朗甚至认为她是女版的自己。这款香水以清新的薰衣草和迷迭香开场，看似乖巧，却迅速步入"叛逆"之路：香调中融入了丰沛的香草、麝香、天芥菜与檀香，令整款香水变得馥郁而大胆。这正是莫里斯·鲁塞尔的匠心所在：香气如柔软的毛皮般包裹着人，略带一丝甜美，又隐约透出一抹野性的"脏感"。这是一款非凡的香水，散发着一丝兽性的气息，虽不张扬，却极其浓烈，带着令人过目难忘的气味标签，在贞洁与放纵之间构建出强烈的对比。

这款曾经风靡一时的香水在沉寂近十年后，于 2014 年重焕新生，超级时髦，又怀旧迷人，同时拥有都市的潮流气象。"海尔姆特·朗淡香精"是一段大胆而低调的嗅觉传奇，如低语般在肌肤上娓娓道来。

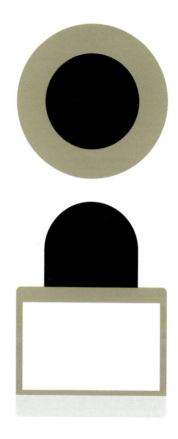

品牌：
柏芮朵（Byredo）

问世于：
2010 年

调香师：
热罗姆·埃皮内特
（ Jérôme Epinette ）

主香调：
醛
乳香
麝香
蜂蜜

双面墨香（墨水）

M/MINK

　　充满艺术感的貂皮。"双面墨香"是一次合作的产物，由迈克尔·安扎拉（Michael Amzalag）和马蒂亚斯·奥古斯蒂尼亚克（Mathias Augustyniak）组成的平面设计二人组 M/M，与柏芮朵的创始人本·戈勒姆（Ben Gorham）联手打造。这款香水的灵感来源于三个物件：一块来自韩国的墨条、一张日本书法大师的肖像，以及一组充满奇思妙想的数学公式。其结果是孕育出一曲前所未闻的，甚至在梦中都不一定会出现的嗅觉交响乐。

　　开场即是一股强烈的矿物质气息，让人联想到冰冷潮湿的石墙，上面长满了青苔和霉菌。四周弥漫着臭氧与碘的味道，空气中的电荷，仿佛在预告着即将到来的夏日暴雨。几缕神秘的焚香烟雾随风散在了空中。阿道克醛（Adoxal）分子悄然起舞，这种气味微妙难测：某些人闻起来，它是清香花朵与金属味的结合，而对另一些人而言，它却是彻底的虚无。在这个神秘冰冷的洞穴中，无法识别的有机流体正在慢慢渗出，让人感到危险。是血液吗？还是精液？醛类与花香从皮毛的洪流中涌出，裹挟着一股野性麝香与蜜蜡的温暖触感。如果"墨"（ink）[1] 这一元素和它的玫瑰色调能够及时出现，那么一件貂皮大衣也会出现，它被遗弃在布满灰尘的可疑地穴中，上面沾满了碎玫瑰。随着一场奇异而魔性的蜕变，那矿物质的墨香竟然化身为一种动物性的存在。它在招人厌恶和引人入胜之间取得了脆弱但成功的平衡。

1　原文名称中去掉平面设计组的名字 M/M，剩下的就是 ink。

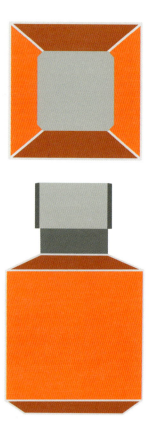

品牌：
梵诗柯香（Maison
Francis Kurkdjian）

问世于：
2010 年

调香师：
弗朗西斯·库尔吉安

主香调：
安息香
孜然
蜂蜜
麝香

绝对黄昏
ABSOLUE POUR LE SOIR

无惧夜色。尽管它的名字似乎有所暗示，但并非只有在夜晚，"绝对黄昏"才能充分展现它的意义。它的花香调如一缕柔和而温暖的阳光，在白昼之时也能尽显风采。不过，这款香水的确发出了邀请，邀请我们换个角度，抱着某种热切的心情，去审视鲜活肉体上那些隐秘的暗面、朦胧的阴影和黑色的渐变。就像一张电影票，这款香水的构成为我们提供了一张通行证，允许我们推开黑暗大厅的门，在那里，好奇心战胜了恐惧。

这款香水虽然温和，但带着一种瘆人的寂静。它带我们去见证了依兰的光彩逐渐褪去的时刻，新上位的孜然与檀香的气息，在乳香与安息香的炽热余烬上静静燃烧。随后，一剂浓郁狂野的麝香骤然登场，将蜜糖般的黏稠芬芳洒向所触及的一切。它慢慢渗透，沿着时光的肌理流淌，拖住了晃动的钟摆，也消弭了世间的喧嚣。在这被改写的时空中，一朵玫瑰缓缓现身，如猛兽般咆哮，随即以爱抚唤回光明。"绝对黄昏"在时间的流转中，既怀揣着关于自身的谜团，也握着谜题的答案。

品牌：	调香师：	主香调：
帝国之香	马克-安托万·科蒂基亚托	麝香
		蹄兔香（hyraceum）
问世于：		水仙
2012 年		皮革

东京麝香
MUSC TONKIN

客厅中的低吼。一支香水，不一定要闻起来像一件从洗衣机里洗出来的完美无瑕的 T 恤，散发着洗衣粉的香味；它也可以散发出笼中野兽的气味，拿捏原始诱惑的诀窍。成为文明人，并不意味着掩盖自我的本真气味，而是学会以精致和升华的方式拥抱那种与生俱来的体香，享受身体气息与哺乳动物绒毛的撩人触动。

前调霸气登场，按下喷头的瞬间，气味便炸裂开来，让人直接降落在香獐的领地——那片被浓烈分泌物标记过的地盘。有人将这种最初的体验比作一对热恋中的情侣推开了卧室的门。然而，这种浓重的兽性气息很快让位于更加合乎礼仪的细腻层次，仿佛从毛皮之下，隐约透出一大束鲜花。满怀的醉人水仙与毒性十足的晚香玉，还有华丽的深红玫瑰，共同营造出一种动物般的幻觉，仿佛回应了伊夫·圣·罗兰的经典力作"鸦片"所带来的强烈冲击。一抹咸香，宛如炙热阳光下肌肤微微渗出的汗味，与馥郁温暖的麝香气息交织，编织出一个柔软舒适的茧，透出小资的安逸感。

这头温驯的"野兽"贴着表皮发出"呼噜"声，那隐藏其中的轻微"污感"是一缕海狸香所散发的温血动物的味道，唤醒了我们内心深处遗留的"智人"的本能之声。那种介于原始与文明之间的微妙张力，与芦丹氏的"忽必烈麝香"或科颜氏的"原创麝香"如出一辙：一只桀骜不驯的野兽，最终变成了慵懒优雅的家猫。

品牌：	调香师：	主香调：
液态创想	卡里纳·布安	辣椒
	（Carine Bouin）	鸢尾
问世于：		麝香
2016 年		海狸香

玉面之狸（俊美之兽）

BELLE BÊTE

午夜魔魅。继第一款湿润、野性的"圣兽之皮"（Peau de Bête）之后，液态创想再次踏入芳香的兽窟，推出了他们的第二款"肌肤之水"："玉面之狸"。这款由菲利普·迪梅奥（Philippe Di Méo）[1]与卡里纳·布安合作的香水灵感来源于弗朗茨·冯·施图克[2]的画作《斯芬克斯之吻》（*Baiser du Sphinx*），那是一幅深受黑暗浪漫主义影响的作品。在灰褐色的朦胧色调中，一位半兽半人的致命尤物俯视着她的猎物，它们之间的拥抱看似狂野却心甘情愿，散发出介于情色、神话与奇幻之间的惊悚魅力。

最初，饥渴难耐的魔魅轻轻伸出利爪，穿透猎物的肌肤，带来一丝辣椒与藏红花的辛辣刺痛感。随即，她温暖的兽性毛发融化在环绕四周的巨大气团中，那是无比动人的鸢尾、粉香、木质与烟熏的交响，令人胆寒的动物本能渗透其中。几缕榛子和烘焙咖啡的香气似乎代表了危险的捕食者呼出的热气。

随着夜色渐深，这头野兽终于不再恐惧暴露出它肉欲和私密的一面：麝猫香、海狸香、菖蒲与各种挑逗性的麝香倾巢而出，毫不遮掩地在肌肤上留下暧昧不明、放肆大胆的感官挑逗，这正是午夜生灵之吻所散发的深邃欲望。要想完全享受这位"玉面之狸"的妖异魅力，您最好不要有洁癖，也不能惧怕黑暗。

1　液态创想的创始人。

2　弗朗茨·冯·施图克（Franz von Stuck）19 世纪末至 20 世纪初德国象征主义的重要代表人物，也是"慕尼黑分离派"（Münchner Secession）的创始成员之一，以充满神秘色彩、寓意丰富的象征主义作品闻名。

品牌：
解放橘郡

问世于：
2016 年

调香师：
昆汀 · 毕什
（Quentin Bisch）

主香调：
岩蔷薇（ciste）
乳香
辛香料
树脂

冲击太阳-萨德侯爵
ATTAQUER LE SOLEIL – MARQUIS DE SADE

岩蔷薇的五十种色调。"多少次，天啊，我曾渴望冲击太阳，剥夺它的光辉，甚至利用它来焚烧整个世界！"这是 1785 年，禁闭于巴士底狱的唐纳蒂安·阿尔丰斯·弗朗索瓦·德·萨德——那位令人战栗又着迷的"神圣侯爵"——所写下的激烈文字。这位充满争议的作家，以其放荡与暴力的生活方式闻名，而这些极端行为也多次将他送入牢狱。然而，他那兼具黑暗与光芒的形象却为后世提供了无尽的灵感。

以这位"神圣侯爵"为缪斯，调香师昆汀·毕什看起来有些受虐倾向似的接受了挑战：他要以自己并不太喜爱的原料岩蔷薇为核心，创造出一款充满矛盾与张力的香水。岩蔷薇这种地中海花卉，开着精致的白色或粉色的花，却深藏野性力量。它的枝叶能够分泌出一种树脂，带来两种矛盾的气息：教堂中的圣洁焚香与充满原始冲动的动物味道。

香水的开篇宛若一道金色的烟雾升腾，庄严如教堂内摇曳的香炉。然而，随着这块神圣的金色树脂逐渐溶解，隐秘的深暗面逐渐浮现。蜡质的气息在光影间低语，带来某种带着体温的情欲，与圣洁的光辉展开拉锯般的搏斗。贴近肌肤时，这款香水犹如一场肌肤之亲的战争，那些蜿蜒的动物气息被温暖唤醒，释放出挑衅又迷人的信息。

品牌：
罗伯托·格雷科
（Roberto Greco）

问世于：
2017 年

调香师：
马克-安托万·科蒂基亚托

主香调：
安息香
金雀花（genêt）
孜然
洋甘菊

香薰靠枕
ŒILLÈRES

全粒面皮革。[1] 当罗伯托·格雷科[2]向马克-安托万·科蒂基亚托提议参与其名为"Œillères"的摄影与嗅觉艺术项目时,这位帝国之香的创始人为项目创作了一款前卫且令人不安的"气味对象"(objet parfumant)。这款为了让"花非花"(antifleur)变得具象化而创作的香氛,回应了艺术家镜头下那枯萎脆弱的植物和丰腴赤裸的人体,化作对人类境况的寓言性表达。

这款香水给人的最初印象,就像一记扇在鼻尖上的耳光,带着毒性与迷幻气息,令人措手不及。沥青的挥发性气味与草叶的青涩感互相角逐,不知是哪一种更快地穿透了我们的嗅觉神经。紧随其后,一股充满攻击性的气息席卷而来:过量的安息香散发出黑色乳胶、烧焦轮胎与辛辣树脂的混合味道,宛如一支黑色骑兵队。而就在乱糟糟的干草堆中,黑色的骑兵们迎面撞上了一群湿漉漉的、蜜糖般的粉质花朵。

当这催眠般的气息稍稍平息后,湿润皮肤的褶皱处散发出令人不安的气息,透着一股孜然味,这味道覆盖在柔软的皮面上,似乎是要留下某种植物性的咬痕。此刻,经典男性香氛西普调的幽灵悄然现身:在漫天的烟雾与花粉中,辛香木质调和柑橘调的微光在温热的肌肤上若隐若现,就像是对一种美丽的香水艺术的致敬,这种艺术依然有人赋予其灵魂和生命,并未绝迹,只要我们懂得如何将它唤醒。

1　原文"Cuir pleine fleur",是指未经打磨、保留了原始表面的天然皮革,是质量最高的皮革之一。
2　罗伯托·格雷科是一位具有园艺背景的瑞士-意大利摄影师。

勇敢尝试女性香水区的选择
À PIQUER AU RAYON FEMME

在比较保守的商店，这些香水一般陈列在女性香水区，虽然偶尔也会被标注为中性香水，但因为其香调特点而总是被归类为女性香水。

勇敢地尝试一下吧！您会被它们的独特魅力所折服。

À LA FRAÎCHE
趁着凉意

Eau de Rochas, Rochas
罗莎之水，罗莎
Eau dynamisante, Clarins
活力之水，娇韵诗
Ô de Lancôme, Lancôme
绿逸，兰蔻

UN AIR DE DANDY
风流倜傥

Melograno, Santa Maria Novella
石榴，圣塔玛利亚诺维拉
N° 5, Chanel
五号香水，香奈儿

POÈTE EN HERBE
草地诗人

Bloom, Gucci
花悦，古驰
Diorissimo, Dior
茉莉花（迪奥之韵），迪奥

L'Ombre dans l'eau, Diptyque
影中之水（水中影），蒂普提克
Nuit de bakélite, Naomi Goodsir
胶木之夜，内奥米·古德瑟

RÊVE D'AILLEURS
在别处

Alien, Mugler
异型（琥珀），穆格勒
Après l'ondée, Guerlain
阵雨之后（雨过天晴），娇兰
Infusion d'iris, Prada
鸢尾轻芳（艾丽斯），普拉达
L'Heure bleue, Guerlain
蓝调时光，娇兰
N° 19, Chanel
十九号香水，香奈儿

L'OPULENCE ASSUMÉE
坦荡的奢华

Habanita Cologne, Molinard
哈巴妮特古龙水，慕莲勒
L'Eau des merveilles, Hermès

橘彩星光淡香水 , 爱马仕
Nu, Yves Saint Laurent
赤裸，圣罗兰
Opium, Yves Saint Laurent
鸦片男士，圣罗兰
Shalimar, Guerlain
一千零一夜，娇兰

PROMENONS-NOUS DANS LES BOIS
让我们在森林里散散步

Aromatics Elixir, Clinique
芳香精粹 , 倩碧
Bois des Îles, Chanel
岛屿森林，香奈儿
Dolce Vita, Dior
快乐之源，迪奥
Mitsouko, Guerlain
蝴蝶夫人，娇兰
Patchouli, Reminiscence
广藿香女士，回忆
Samsara, Guerlain
圣莎拉，娇兰

Vol de nuit, Guerlain
午夜飞行，娇兰

MAUVAIS GARÇON
坏小子

Bandit, Piguet
匪盗，罗拔贝格
Cabochard, Grès
倔强，葛蕾
Parfum de peau, Montana
肌肤之香，蒙塔娜

À FLEUR DE PEAU
肌肤之上

For Her, Narciso Rodriguez
她的同名女士，纳西索·罗德里格斯
La Panthère, Cartier
猎豹女士，卡地亚

为盛名所累
LES VICTIMES DE LEUR SUCCÈS

我们非常喜欢这些香水，您绝对有权选择它们，但您需要知道的是：您绝不会是唯一一个这样做的人！

Allure, Chanel
魅力，香奈儿

Bois d'argent, Dior
银影清木，迪奥

Boss Bottled, Hugo Boss
自信，雨果波士

Brut, Fabergé
粗犷 33 号，法贝热

CK One, Calvin Klein
唯一，凯文克莱

Dior homme original, Dior
桀骜男士原版，迪奥

Le Mâle, Jean Paul Gaultier
裸男，高缇耶

Santal 33, Le Labo
檀香 33，香水实验室

Spicebomb, Viktor & Rolf
激情炸弹，维克多与罗夫

Terre d'Hermès, Hermès
大地，爱马仕

嗅觉雷区
LES FAUX-PAS OLFACTIFS

这些香水中确实有一些经典之作，或许对其中某些，您还怀有特殊的感情，但如果您想靠身上散发的气味在社交场合中脱颖而出，那最好还是忘了它们吧……

Acqua di Gio, Giorgio Armani
寄情男士经典版，阿玛尼

Azzaro pour homme, Azzaro
同名男士（卡门情人），阿莎罗

Cool Water, Davidoff
冷水男士，大卫杜夫

Drakkar noir, Guy Laroche
黑色达卡，姬龙雪

Fierce, Abercrombie & Fitch
裸男，A&F

Invictus, Paco Rabanne
勇者，帕高

Kouros, Yves Saint Laurent
科诺诗，圣罗兰

L'Eau d'Issey pour homme, Issey Miyake
一生之水男士，三宅一生

L'Homme, Yves Saint Laurent
天之骄子，圣罗兰

One Million, Paco Rabanne
百万金砖，帕高

Sauvage, Dior
旷野，迪奥

Wanted, Azzaro
通缉令，阿莎罗

et toutes les références chez Scorpio et Axe…
以及"天蝎"（Scorpio）和
"凌仕"（Axe）这两个品牌的所有香水……

香水商店
LES BOUTIQUES DE PARFUMS

除了在老牌的香水连锁店（如 Sephora、Marionnaud、Nocibé）和大型百货公司（如 Printemps、Galeries Lafayette）中可以找到大多数主流品牌和部分小众香氛品牌外，我们还为您精选了一些独立的香水精品店（覆盖法国、比利时和瑞士），在这些精品店里，您可以找到本书中提到的一些较为罕见的香水品牌。

法国

AUVERGNE-RHÔNE-ALPES
奥弗涅－罗讷－阿尔卑斯大区

Haramens
17, rue Saint-Genès
63000 Clermont-Ferrand

Première Avenue
1, rue Guetal
38000 Grenoble

La Mûre favorite
19, cours Franklin-Roosevelt
69006 Lyon

Le Paravent
35, rue Auguste-Comte
69002 Lyon

Haute Parfumerie Aristide
6, rue des Vieux-Thononais
74200 Thonon-les-Bains

BOURGOGNE- FRANCHE-COMTÉ
勃艮第－弗朗什－孔泰大区

Ma Belle Parfumerie
6, rue Vauban
21000 Dijon

BRETAGNE
布列塔尼大区

Confidences parfumées
8, rue du Vau-Saint-Germain
35000 Rennes

Maison Orso
2, rue Leperdit
35000 Rennes

Parfumerie Charriou
C. C. Leclerc,
55, boulevard des Déportés

35400 Saint-Malo

GRAND EST
大东部大区

B.A.S.I.C – La crème de la crème
3, rue du Clou-dans-le-Fer
51100 Reims

Le 7 – Parfumerie d'auteurs
7, rue du Sanglier
67000 Strasbourg

HAUTS-DE-FRANCE
上法兰西大区

Soleil d'or
4, rue Esquermoise
59800 Lille

ÎLE-DE-FRANCE
法兰西岛大区

Fragrances & Cie
6, rue des Marchés
77400 Lagny-sur-Marne

Jovoy Paris
4, rue de Castiglione
75001 Paris

Sous le parasol
75, boulevard de Sébastopol
75002 Paris

Dover Street Parfums Market
11 bis, rue Elzévir
75003 Paris

Marie Antoinette
5, rue d'Ormesson
75004 Paris

Sens Unique
13, rue du Roi-de-Sicile
75004 Paris

Parfumerie Burdin
7, boulevard de Denain
75010 Paris

NORMANDIE
诺曼底大区

35 rue Damiette
35, rue Damiette
76000 Rouen

NOUVELLE-AQUITAINE
新阿基坦大区

La Parfumerie Autrement
35, rue Port-Neuf
64100 Bayonne

La Parfumerie Autrement
46, avenue Édouard-VII
64200 Biarritz

La Parfumerie bordelaise
17, rue du Temple
33000 Bordeaux

Le Nez insurgé
32, rue du Pas-Saint-Georges
33000 Bordeaux

Lynne's Smells
13, rue Saint-Jean
79000 Niort

OCCITANIE
奥克西塔尼大区

Qu'importe le flacon

8, rue du Petit-Saint-Jean
34000 Montpellier

Parfums dénichés
4, rue Neuve
12000 Rodez

L'Autre Parfum
1, place Roger-Salengro
31000 Toulouse

Santa Rosa
11, rue Antonin-Mercié
31000 Toulouse

PAYS DE LA LOIRE
卢瓦尔河地区大区

Passage 31
11, rue des Lices
49100 Angers

Passage 31
13, passage Pommeraye
44000 Nantes

PROVENCE-ALPES- CÔTE D'AZUR
普罗旺斯－阿尔卑斯－蓝色海岸大区

Taizo
120, rue d'Antibes
06400 Cannes

Jogging
103, rue Paradis
13006 Marseille

Incenza
99, avenue du Prado

13008 Marseille

Tanagra
5 bis, rue Alphonse-Karr
06000 Nice

Le Parfum singulier
16, cours Gimon
13300 Salon-de-Provence

比利时

Beauty by Kroonen & Brown
Rue Lebeau 49
1000 Bruxelles

Senteurs d'ailleurs
Place Stéphanie 1A
1000 Bruxelles

Parfum d'ambre
Rue du Bailli 45
1050 Bruxelles

Liquides confidentiels
Rue Saint-Jean 12
5000 Namur

瑞士

Theodora
Grand-Rue 38
1204 Genève

Philippe K.
Rue Beau-Séjour 15
1003 Lausanne

品牌索引
INDEX DES MARQUES

调香师索引
INDEX DES PARFUMEURS

行业用语
LEXIQUE

Absolue
净油
对从植物及其他材料（花、树脂等）中提取的天然原料，使用挥发性溶剂萃取，再进行酒精清洗（去除残留的蜡质）后得到。

Accord
谐调
是指由多种原料调配而成的气味组合，呈现和谐且层次分明的香气，是香水创作的基础。

Ambre
琥珀
由香草、劳丹脂和香脂（妥鲁香脂、古巴香脂和安息香）构成的东方型谐调。它的名称源自弗朗索瓦·科蒂于 1908 年推出的香水"古法琥珀"，如今指的是以这一谐调的结构为基础或有其特征的香水。因此，它与产自抹香鲸的龙涎香没有任何关系，后者带有更多动物性、木质和蜡质的气味；另外，它与珠宝中所使用的树脂化石更不相干，因为树脂化石没有任何气味。

Chypre
西普调
一种香水类别，该类别的主要谐调由香柠檬、玫瑰、茉莉、橡木苔、广藿香和劳丹脂构成。这种香水的名称源自弗朗索瓦·科蒂在 1917 年推出的香水"西普"，在那之前，许多更早期的香水也使用过"西普"这一名字，但科蒂是第一个调制出该香型并将其成功推向市场的人。"西普"这个名字最早可能来源于中世纪使用的香球"塞浦路斯小鸟"（Cyprus brides），但仍然没有确凿证据证明其与"塞浦路斯"这座地中海东岸岛屿有关。

Cologne
古龙水
一种香水类别，主要由柑橘类精油、橙花油、薰衣草和迷迭香精油组成，浓度约为 5%。世界上第一款古龙水是意大利人让–玛丽·法里纳（Jean-Marie Farina）于 18 世纪初在德国科隆推出的，因此该香水以该城市（Cologne）的名字命名。当时医学界对这款香水治疗功效的认可，也为其日后的成功奠定了基础。

Composition
配方
构成香水的所有香调和原料。

Concentration
浓度
指香水中香精在酒精溶液中的比例。依据浓度不同，最常见的命名方式有古龙水（eau de Cologne）、淡香水（eau de toilette）、淡香精（eau de parfum）、纯香精（extrait de parfum）及香精（parfum），它们的关系是香精浓度比例依次提升，但具体的占比数并不需要遵循任何严格规定。每种命名类型都没有与之对应的强制性最低浓度标准。

Essence ou huile essentielle
精油
通过蒸馏法提取的天然原料，将天然成分（花朵、青草、木质、根部和叶子等）中的香气成分带出。

Fougère
馥奇调

一种谐调类型，其名称源自霍比格恩特公司于 1882 年推出的一款名为"皇家馥奇"的香水，该类谐调以薰衣草、香叶天竺葵、橡木苔和香豆素的构成组合为特色，此外还可以加入各种木质或者东方香调。馥奇调最初是一种中性香调，自 20 世纪 70 年代起，开始成为男性香水的典型代表，尤其是与剃须产品相关联。

Hespéridé
柑橘调

主要指柑橘类水果（如柠檬、橙子、香柠檬等）的香味，这些水果的芳香萃取物通过刮取果皮获得。原文名称 Hespéridé 源自希腊神话中的赫斯珀里得斯花园（Le Jardin des Hespérides），园子里有三位仙女，守护着具有不朽力量的金苹果。

Matière première
原料

用于制造香水的基本成分。主要分为天然原料和合成原料两大类，其中天然原料包括植物和动物来源，合成原料则通过化学合成从其他化合物中获得。

Note
香调

香水配方中，一种或多种原料所呈现的特征和可识别的气味。

本书作者
LES CONTRIBUTEURS

　　这本书里的各篇文章由香水评论领域的专家撰写。撰文者包括记者、调香师、科学家、历史学家或单纯的香水爱好者。他们是 *Nez* 杂志的成员，并定期为 Au parfum 网站贡献内容：

Denyse Beaulieu
德尼斯·博利耶

德尼斯·博利耶是一位记者兼作家，著有《香水：一部私密史》（Presses de la cité，2013）和《走向艺术的孩子》（Autrement，1993），也为 *Stylist* 杂志（法国版）、*Citizen K* 杂志（国际版）撰写香水评论。她曾主持伦敦时尚学院的"解密香水"研讨班课程，并在法国 ISIPCA 香水学院的夏季学校教授感官评估课程。从 2013 年起，她在巴黎国际奢侈品管理学院（EIML）教授香水历史课程。她参与撰写了 2018 年 Nez 出版社推出的《香水之书》。

Sarah Bouasse
萨拉·布阿斯

作为一名记者，萨拉·布阿斯把自己的热情都投入香水领域。五岁时，她第一次接触到娇兰的"姬琪"，之后就开始被香水深深吸引。2012 年，她创建了博客"Flair"（天赋），旨在更广泛地探讨每个人与嗅觉的关系，尤其强调让"真实生活中的人"来分享他们的故事。她曾参与撰写《香水之书》，以及 2019 年著名调香师让–克洛德·埃纳主编的、由 Nez 出版社出版的《古龙水之书》。

Eugénie Briot
欧仁妮·布里奥

欧仁妮·布里奥是一名历史学家，也是书籍《香水的制造：奢侈品产业的诞生》（Vendémiaire，2015）的作者，并负责华顿香水学校的课程项目。作为古斯塔夫·埃菲尔大学（原巴黎东–马恩河谷大学）的讲师，她于 2009 年至 2014 年间参与主持了该校的创新、设计与奢侈品硕士课程。她是《香水之书》的撰稿人之一。

Yohan Cervi
约翰·塞尔维

约翰·塞尔维是一名评论家、现代香水史专业讲师和奢侈品牌顾问，他于 2017 年参与创办了香水创意实验室 Maelstrom（旋涡）。此外，作为一位古董香水的收藏家，他还是 Au parfum 编辑团队的复古香水专家。他曾参与撰写了 Nez 出版社在 2017 年出版的《111 香水巡礼》、在 2018 年出版的《香水之书》，以及在 2019 年出版的《古龙水之书》。

Cécile Clouet
塞西尔·克卢埃

毕业于里昂国立高等音乐舞蹈学院，既从事教学工作，也是一名演奏家。她一直对气味和香水十分敏感，同时也热爱文学，自 2014 年起，她将这两种爱好结合起来，开始为 Au parfum 网站撰稿。

Olivier R.P. David
奥利维耶·R.P. 大卫
凡尔赛-巴黎萨克雷大学（l'université de Versailles-Saint-Quentin-en-Yvelines）的讲师，教授与香水高等学院（l'École supérieure du parfum）合作开设的香水配方与感官评估硕士学位课程，并为调香专业的学生讲授有机化学课程。他还是一位古董香水收藏家，热衷于讲述芳香化合物及其发现者背后的故事。他曾参与撰写《香水之书》，也为艺术家朱莉·C.弗蒂尔（Julie C. Fortier）的专著《这里有树叶、花朵和飞鸟走兽》供稿，该书于 2020 年在 Nez 出版社出版。

Jeanne Doré
让娜·多雷
2007 年，让娜·多雷参与创办了 Au parfum 网站，后又于 2016 年参与创办了 Nez 杂志和 Nez 出版社，她一直致力于将香水评论和嗅觉文化推广到大众视野中来。她曾主编并参与撰写了《111 香水巡礼》和《香水之书》。闻香与写作是她的热情所在。

Samuel Douillet
塞缪尔·杜伊莱
作为一名创作型歌手，他从流行乐、灵魂乐和法国香颂中汲取灵感。香水是他的副业，在从事了数年的产品开发工作后，他定期为 Au parfum 网站撰稿，分享他对气味和文字的热爱。

Juliette Faliu
朱丽叶·法利于
作为香水领域的专家，朱丽叶·法利于发起了多项创新活动。2006 年，她创建了首个法语香水博客 "Poivre bleu"（蓝胡椒），后更

名为 "Le nez bavard"（健谈的鼻子）。十多年来，她一直深耕嗅觉实践，并开发了一套评估香水质量的方案。她还是《香水之书》的撰稿人之一。

Anne-Sophie Hojlo
安娜-索菲·奥伊洛
获得历史学学位毕业后，安娜-索菲·奥伊洛选择成为一名记者，十年间一直在为《新观察家》（Nouvel Observateur）写稿，其间她先是去感受了法庭的氛围，撰写相关法制报道，后又转向美食专栏，开始书写巴黎餐桌上的色香味。2018 年，她先后加入了 Au parfum 团队和 Nez 团队，为这两个团队的各种出版物供稿，其中包括 Nez 出版社的"自然笔记丛书"。

Clara Muller
克拉拉·穆格勒
克拉拉·穆格勒是一名艺术史学家、评论家和策展人，她的研究兴趣集中于以气味为媒介的各种艺术实践，同时也一直在关注那些通过嗅觉体验的艺术作品。在 Nez 杂志的 "Correspondances"（联觉）栏目中，她探讨了艺术、文学和电影中的嗅觉联想。她也为"自然笔记丛书"撰写文章，并参与了艺术家朱莉·C.弗蒂尔的专著《这里有树叶、花朵和飞鸟走兽》的创作。

Clément Paradis
克莱芒·帕拉迪斯
在作为摄影师和巴黎第八大学美学讲师的同时，克莱芒·帕拉迪斯还是 Au parfum 网站和 Nez 杂志的编辑。他的研究方向主要是：从多感官的维度去探讨艺术与政治世界之间的联系。他还编辑了由加尼耶经典出版社出版的神秘主义画家路易·让莫（Louis Janmot）的书信集，参与策划了在法国国立艺术史研究所（INHA）举办的"展览中的摄影"研讨会。

Patrice Revillard
帕特里斯·勒维拉尔

帕特里斯·勒维拉尔于 2017 年参与创立了香水创意实验室 Maelstrom（旋涡），并成为该实验室的主力调香师。最初，他对植物的兴趣引领他进入香氛世界。他出生于安纳西，2012 年移居巴黎，进入高等香水学院学习，2017 年毕业，目前在该校教授配方学。他还参与了《香水之书》一书的撰稿工作。

Guillaume Tesson
纪尧姆·泰松

记者出身的纪尧姆·泰松兴趣广泛，对雪茄情有独钟，他是《雪茄小百科全书》(*Petit Larousse des cigares*) 的作者，该书已于 2019 年推出了新版。此外，他对烈酒世界也同样着迷，最近进入了法国利口酒品牌 H.Theoria 工作。对他而言，香水和哈瓦那雪茄的烟雾、鸡尾酒的苦味或皇家烩兔散发的浓郁香味一样，都是情感和记忆的载体。

Alexis Toublanc
亚历克西·图布朗

2010 年，亚历克西·图布朗初出茅庐，开始在 Au parfum 网站上发表文章，随后他在自己的博客 Dr Jicky & Mister Phoebus 上持续更新内容，并以此为开端踏入了嗅觉世界。

之后，他开始在法国 ISIPCA 香水学院学习香水创作，并于 2017 年获得学位。从那时起，他开始与调香师马克-安托万·科蒂基亚托合作。他还参与了《111 香水巡礼》和《香水之书》的撰稿工作。

Léa Walter
莱雅·沃尔特

莱雅·沃尔特毕业于巴黎高等师范学院，拥有教师资格证和美学博士学位，目前在巴黎艾斯蒂安学院教授视觉传播与符号学。她还为一些定性营销公司做研究工作。对她来说，香水就是一种符号，是意义的强大载体：嗅觉符号学分析并不试图揭示香水的"真理"，但它对于理解每款香水所依赖的独特唤起力有着至关重要的作用。

本书的插画作者：
Erwann Terrier
伊万·泰里耶

伊万·泰里耶是一位插画家。他凭借为《施诺克》杂志(*Schnock*)创作的复古插画作品而声名鹊起，乐于捕捉时代的氛围，每月在德法公共电视台（"Arte"电视台）的时事节目《28 分钟》中，用速写评论时事热点。热爱书店氛围的他，近期将带着漫画项目回归书店，与读者见面。

让娜·多雷（Jeanne Doré）

Nez 杂志主编，一直致力于闻香与写作，将香气文化推向更广阔的受众。Nez（法语"鼻子"）团队成立于2007年，以传递香水和嗅觉文化为目标，历经多年发展，已逐渐成为全球香水文化的领导者。

于歌

策展人、创意策划人、设计师、自由撰稿人、法语译者。近年来，专注于"艺术与社区""艺术与社会创新"的研究与实践，热衷于观察日常和促成跨文化交流。译作有《人们》《四季》《歌谣》《当我生的是男孩》。

阿花

知名香水博主，资深媒体人，香水爱好者。

图书策划·东洋工作室

总策划　东洋

策划编辑　袁月

责任编辑　朱瑞雪

营销编辑　李慧

装帧设计　王左左

出版发行　中信出版集团股份有限公司

服务热线：400-600-8099　网上订购：zxcbs.tmall.com

官方微博：weibo.com/citicpub　官方微信：中信出版集团

官方网站：www.press.citic